AF472484

# INSTRUCTION THÉORIQUE

ET

# APPLICATIONS DE LA RÈGLE LOGARITHMIQUE

## OU A CALCULS.

*On trouve chez les mêmes Libraires et du même Auteur :*

Description, théorie et usage du Cercle de réflexion de Borda; 1 volume in-8°.

Mémoire sur la loi relative à la densité des couches intérieures de la terre, et sur son aplatissement; 1 volume in-4°.

Mémoire sur la détermination des deux points d'où partent les droites, par rapport auxquelles tous les moments d'inertie de la terre sont égaux entre eux; 1 volume in-4°.

Théorie élémentaire de la capillarité, suivie de ses principales applications à la physique, à la chimie et aux corps organisés; 1 volume in-8°.

---

PARIS. — IMPRIMERIE DE FAIN ET THUNOT,
Rue Racine, 28, près de l'Odéon.

# INSTRUCTION THÉORIQUE

ET

# APPLICATIONS

DE LA

# RÈGLE LOGARITHMIQUE

# OU A CALCULS,

Par J.-F. Artur,

Agrégé suppléant à Paris, docteur ès sciences, des Académies de Caen, de Dijon, vice-président du comité scientifique de la société française de statistique universelle, etc.

DEUXIÈME ÉDITION.

PARIS.

CARILIAN-GOEURY ET Vve DALMONT,

LIBRAIRES DES CORPS ROYAUX DES PONTS ET CHAUSSÉES ET DES MINES,

Quai des Augustins, nos 39 et 41;

GRAVET, fabricant de Règles, rue Cassette, n° 14;

L'AUTEUR, rue Saint-Jacques, n° 56.

1845

# PRÉFACE DE L'AUTEUR.

Dans cette nouvelle édition j'ai indiqué les différentes formes que M. Gravet donne aux *Règles logarithmiques* ou *à calculs*, ainsi que les autres divisions et les divers tableaux qu'il y ajoute pour en faciliter les applications.

En adoptant la marche suivie dans la première édition, j'en ai simplifié des articles et rendu d'autres plus clairs.

J'ai remplacé les *nombres proportionnels* par les *équivalents chimiques*, qui sont généralement adoptés.

Relativement aux longueurs, aux surfaces, aux volumes et aux poids, je me suis renfermé dans le système métrique.

Pour diminuer l'étendue de cette nouvelle édition, j'ai supprimé les diverses applications qui n'intéressaient qu'un petit nombre de personnes, lesquelles pourront toujours y suppléer, en recourant aux numéros convenables de la théorie générale, dans lesquels on indique les moyens d'effectuer les différentes opérations qui donnent chaque résultat.

On obtient chaque résultat à $\frac{1}{300}$ près de sa valeur sur la *Règle* qui a $0^{m},25$ de divisés, et à $\frac{1}{500}$ sur *celle* qui en a $0^{m},35$.

Ces approximations suffisent pour les besoins usuels, tels que : les circonférences et les surfaces des cercles d'après leurs diamètres, et réciproquement; les surfaces, les volumes et les poids des corps, etc.

Les erreurs occasionnées par les *Règles* peuvent être tolérées, puisqu'on va jusqu'à $\frac{1}{450}$ sur l'or pur de nos monnaies, $\frac{1}{300}$ sur l'argent, $\frac{1}{50}$ sur les mesures cadastrales, etc.

La lecture des premiers numéros de l'ouvrage montrera qu'en cherchant à rendre claire et intelligible la partie destinée aux personnes qui ne connaissent pas les mathématiques élémentaires, je n'ai pas négligé la théorie nécessaire aux hommes instruits.

La connaissance des premiers éléments des mathématiques est indispensable pour lire les renvois qui sont aux bas des pages, et les articles écrits en petit caractère.

# INSTRUCTION

SUR LA

# RÈGLE LOGARITHMIQUE

## OU A CALCULS.

---

### *Description et vérification de la Règle. — Indication des parties accessoires.*

1. La *règle logarithmique* ou *à calculs*, fig. 1, est composée d'une *réglette* ou *coulisse* qui peut glisser dans la rainure d'une autre *règle* plus large, plus épaisse et de même longueur.

L'extrémité de la coulisse est munie d'un petit bouton qui sert à la mouvoir.

Les divisions supérieures de la *règle* forment deux *échelles* égales ; la première est celle de gauche, et la seconde celle de droite (1).

Les divisions supérieures et inférieures de la *coulisse* sont égales aux supérieures de la *règle*.

On appelle *curseur* le premier 1 de la *coulisse*.

---

(1) La moitié 0,125 mètre de la longueur 0,25 mètre que l'on donne à la partie divisée, représente l'excès du logarithme de 10 sur

Les divisions inférieures de la *règle*, ou de la ligne des *carrés*, ne forment qu'une *échelle* qui a la même longueur que les deux de la partie supérieure.

---

celui de 1 ; et l'on calcule, comme il suit, les divisions intermédiaires.

*Divisions principales.*

Log. 10 — Log. 1 = 1 : Log. 2 :: 0m,125 : (Longueur comprise entre) 1 et 2
: Log. 3 … 1 et 3
: Log. 4 … 1 et 4
: etc. … etc.

*Divisions qui donnent des dixièmes.*

Log. 10 — Log. 1 = 1 : Log. 1,1 :: 0m,125 : (Longueur comprise entre) 1 et 1,1
: Log. 1,2 … 1 et 1,2
: Log. 1,3 … 1 et 1,3
: etc. … etc.

On calcule de même les petites divisions qui marquent des centièmes ; mais la longueur de cette règle a seulement permis de les tracer de 2 en 2 centièmes entre les divisions principales 1 et 2, et de 5 en 5 centièmes entre 2 et 5. Sur la *règle*, fig. 8, qui a 35 centimètres de divisés, on trace les divisions de centième en centième entre 1 et 2, de 2 en 2 centièmes entre 2 et 3, et de 5 en 5 centièmes entre 3 et 10.

La longueur 0m,125 qui représente l'excès du logarithme de 10 sur celui de 1, pouvant indiquer l'excès du logarithme de 100 sur celui de 10, ou l'excès du logarithme de 1000 sur celui de 100, ou etc., ou bien encore l'excès du logarithme de 1 sur celui de 0,1, ou l'excès du logarithme de 0,1 sur celui de 0,01, ou etc. ; on en conclut que les divisions qui marquent 3. 3,1. 3,2. 3,15. 3,25 peuvent représenter 30. 31. 32. 31,5. 32,5. ou 300. 310. 320. 315. 325, ou etc. ; ou bien encore 0,3. 0,31. 0,32. 0,315. 0,325. ou 0,03. 0,031. 0,032. 0,0315. 0,0325, ou etc.

Les divisions inférieures de la *règle* représentent les logarithmes des carrés, ou le double des logarithmes des nombres ; en sorte que 1,2,3,4,5,6,7,8,9 de la ligne inférieure correspondent à leurs carrés 1,4,9,16,25,36,49,64,81 sur la ligne supérieure dans laquelle il faut considérer les deux échelles comme n'en formant qu'une depuis 1 jusqu'à 100.

Les fig. 2, 3 et 4 représentent le revers et les deux côtés des anciennes règles, et les divisions du fond de la rainure, fig. 6 et 7, faisant suite à celles des côtés de la règle.

On indiquera, n[os] 13, 29 et 30, la construction et l'usage des trois lignes divisées qui sont sur le revers de la coulisse, fig. 5.

Les *deux côtés* de chaque *règle*, dont l'un est quelquefois en *biseau*, pour remplacer le double décimètre triangulaire, sont actuellement divisés en *millimètres;* et les divisions du fond de la rainure font suite à celles des *côtés de la règle;* ainsi l'on obtient 322 millimètres, fig. 6, et 330 millimètres, fig. 7, de longueur, en faisant coïncider chacune de ces divisions avec l'extrémité de la coulisse.

Sur le revers de chaque règle, M. Gravet conserve ou non l'échelle décimale, et y colle à volonté des *tableaux* plus ou moins étendus et analogues à ceux de la *table* I, ainsi que des *indicateurs*, n[os] 22, 23, 24, 25, 26, 27.

Dans $h = \frac{g}{2}t^2$, $v = gt = \sqrt{2gh}$, $g = 9^m,81$, de la *table* I, $h$ représente en *mètres* la hauteur de laquelle tombe librement un corps dans le vide, $t$ le nombre de secondes de sa chute, $v$ sa vitesse acquise et $g$ une constante, qui est sa vitesse acquise après une seconde de chute, c'est-à-dire après avoir parcouru $\frac{9^m,81}{2} = 4^m,905$.

La valeur 2,718281828 de $e$ est la base des logarithmes Népériens ou hyperboliques.

10 est la base des logarithmes de Briggs que l'on emploie ordinairement.

Dans les tables de logarithmes ordinaires, le logarithme de 10 est 1 et celui de 2,718281828 est $\mu = 0,4342944819$; d'où il suit :

1° Qu'il faut multiplier par 0,4342944819 chaque logarithme hyperbolique pour obtenir celui du même nombre dans les tables ordinaires ;

2° *Id.* $\frac{1}{0,4342944819} = 2,302585093$ *id.* de Briggs, *id.* dans le système Népérien.

La valeur 3,1415926 de $\pi$ est celle du rapport de la circonférence au diamètre.

On a, fig. 10, BD : AB :: AB : BE ; d'où $BE = \frac{\overline{AB}^2}{BD}$ et très-approximativement $BE = \frac{l^2}{DE}$, en faisant $AB = l$ et en négligeant l'élévation BE au-dessus du sol par rapport au diamètre DE de la terre.

La longueur 10,000,000 mètres du quart du méridien terrestre donne son diamètre $DE = \frac{40000000}{\pi}$, et par suite la quantité BE, dont la surface de la terre s'abaisse au-dessous de l'horizontale AB, que l'on appelle la *sphéricité horizontale* $BE = \frac{l^2 \times 3,1415926}{40000000} =$

$$= l^2 \times 0,0000000785 = 0^m,0785 \times (l^{km})^2 = \frac{(l^{km})^2}{12,73},$$

lorsqu'on exprime en *kilomètres* la valeur de $l$ au lieu de la laisser en *mètres*.

La quantité, fournie par l'expérience, dont la réfraction atmosphérique élève les rayons lumineux horizontaux, que l'on appelle la *réfraction horizontale* $= 0^m,0125 \times (l^{km})^2 = \frac{(l^{km})^2}{80}$.

Ces deux valeurs donnent :

Sphér. hor. — réfr. hor. $= 0^m,066 \times (l^{km})^2 = \frac{(l^{km})^2}{15,15}$, pour l'abaissement apparent de la surface de la terre, au-dessous du plan horizontal.

Pour s'assurer si les divisions supérieures de la règle et celles de la coulisse sont bien espacées, il faut d'abord mettre le *curseur* sous le *premier un* de la règle, et examiner si toutes les divisions de la coulisse correspondent exactement aux supérieures de la règle ; puis amener le *curseur* sous le *second un* de la règle, et voir si toutes les divisions de la première échelle de la coulisse correspondent à celles de la seconde échelle de la règle. On peut aussi faire correspondre la seconde échelle de la coulisse avec la première échelle de la règle, pour s'assurer de la coïncidence de leurs divisions. De cette manière on s'assure que les échelles supérieures de la règle et celles de la coulisse ont la même longueur, et qu'elles sont divisées les unes comme les autres.

Lorsque le *curseur* est sous le *premier deux* de la règle, il faut que les nombres 2, 3, 4, 5, 6, etc., de la coulisse, se trouvent sous 4, 6, 8, 10, 12, etc., de la règle. (Voyez, n° 2, le moyen de « Déterminer sur la « *règle l'endroit* qui correspond à *un nombre donné*, » et n° 3, le moyen de « Lire sur la *règle le nombre* qui » correspond à *un endroit déterminé*. ») En mettant le *curseur* sous le *premier trois* de la règle, les mêmes nombres 2, 3, 4, 5, 6, etc., de la coulisse, seront sous 6, 9, 12, 15, 18, etc. On vérifiera de même les divisions d'une règle en amenant successivement le *curseur* sous 4, 5, etc., de la règle, ainsi que sous des divisions intermédiaires aux principales, comme 15, 24, etc.

Lorsque le *curseur* est au-dessus de *un*, il faut que les nombres 2, 3, 4, etc., ainsi que 2,5. 3,4., etc., de la ligne inférieure de la règle correspondent exactement à leurs carrés 4, 9, 16, etc., 6,25. 11,56., etc., sur les divisions inférieures de la coulisse considérées comme formant une seule échelle depuis *un* jusqu'à *cent*.

### *Déterminer sur la* Règle l'endroit *qui correspond à* un nombre donné.

2. L'endroit de la règle qu'il faut prendre pour représenter le nombre 3, qui n'a qu'un chiffre significatif, est celui de la division numérotée 3, fig. 1. Cette division représente aussi 30.300, etc., ou 0,3.0,03, etc.

L'endroit représentant le nombre 37, qui a deux chiffres significatifs placés à la suite l'un de l'autre, est celui de la 7e des divisions qui indiquent des dixièmes entre 3 et 4. De même 13 est à la 3e des divisions qui indiquent des dixièmes entre 1 et 2, et 68 à la 8e d'entre 6 et 7. Ces endroits représentent aussi 370. 130.680, ou 3700.1300.6800, etc., ou bien 3,7.1,3. 6,8, ou 0,37.0,13.0,68, ou etc.

Le nombre 372, qui a trois chiffres significatifs

placés à la suite l'un de l'autre, correspond aux deux cinquièmes de l'espace compris entre 37 et la petite division qui vient après, car on obtient ainsi les deux dixièmes de la distance entre 37 et 38. De même 134 correspond à la 2ᵉ des petites divisions qui suivent 13; 135 au milieu de l'espace compris entre la 2ᵉ et la 3ᵉ des petites divisions qui suivent 13; 106 à la 3ᵉ des petites divisions qui suivent 1; 107 au milieu de l'espace compris entre la 3ᵉ et la 4ᵉ des petites divisions qui suivent 1, et 683 aux trois dixièmes de la distance entre 68 et 69. Ces endroits représentent aussi 3720. 1340.1350.1060.1070.6830, ou etc., ou bien 37,2. 13,4. 13,5. 10,6. 10,7. 68,3, ou etc.

Sur la règle qui a 25 centimètres de divisés, il est très-difficile d'avoir égard aux chiffres significatifs qui suivent les trois premiers à gauche d'un nombre donné, excepté peut-être pour ceux qui commencent par 1, comme 1345 qui correspond au quart de l'espace qui est entre 134 et 136.

On détermine de même l'endroit qui correspond à chaque nombre donné, sur la *règle* qui a 35 centimètres de divisés, fig. 8.

### *Lire sur la* Règle le nombre *qui correspond à* un endroit déterminé.

3. En mettant le *curseur* sous 35 de la règle, fig. 7, le 2 de la coulisse correspond à 7 de la règle qui peut représenter 7. 70. 700. etc., ou 0,7. 0,07. etc.; le 6 de la coulisse se trouvant sous la 1ʳᵉ des divisions qui indique des dixièmes entre 2 et 3, il correspond

à 21, que l'on obtient en écrivant le chiffre 2 de la règle qui est à gauche du 6 de la coulisse, et ensuite 1 pour le nombre de dixièmes compris entre le 2 de la règle et le 6 de la coulisse ; ce nombre 21 peut indiquer 210. 2100. etc., ou 2, 1. 0,21. etc. On trouve de même que 4 et 8 de la coulisse correspondent aux nombres 14 et 28 qui peuvent indiquer 140. 280. etc., ou 1,4. 2,8. etc. Le 7 de la coulisse se trouve sous 245, que l'on obtient en écrivant le chiffre 2 de la règle qui est à gauche du 7 de la coulisse, puis 4 pour le nombre de dixièmes compris entre le 2 de la règle et le 7 de la coulisse, enfin cinq pour les cinq dixièmes de l'espace compris entre 24 et 25 de la règle. Le 3 de la coulisse est sous 105, que l'on obtient en écrivant 1, chiffre à gauche de 3, puis 0, car il n'y a pas de dixièmes entre 1 de la règle et 3 de la coulisse, enfin 5 pour les cinq dixièmes de l'espace qui est entre 1 et 1,1.

Sur la règle qui a 25 centimètres de divisés, il est très-difficile d'estimer les chiffres significatifs qui suivent les trois premiers à gauche d'un nombre cherché, excepté peut-être pour ceux qui commencent par 1, comme 1645 de la règle qui correspond à 47 de la coulisse ; on l'obtient en écrivant 1 et 6 de même que ci-dessus, puis 4 pour les deux petites divisions qui sont entre 16 de la règle et 47 de la coulisse, et enfin 5 pour les cinq dixièmes du demi-espace compris entre la 2e et la 3e des petites divisions qui se trouvent entre 16 et 17 de la règle.

On lit de même chaque nombre qui correspond à un endroit déterminé sur la *règle* qui a 35 centimètres de divisés, fig. 8.

*Réflexion générale sur les nos 2 et 3.* Déterminer un nombre entier ou lire un résultat entier sur la règle, fig. 1 ou 8, revient à supposer que les chiffres 1.2.3...9, représentent 1.2.3...9, ou 10.20.30...90, ou 100.200. 300...900, ou 1000.2000.3000...9000, ou etc., suivant que le nombre ou le résultat cherché a 1.2.3. 4., etc., chiffres. Quant aux nombres décimaux, il faut les déterminer et les lire sans avoir égard à la virgule.

*De la multiplication et de ses applications.*

4. Après avoir amené le *curseur* sous l'un des *facteurs*, pris sur la première échelle de la règle, on lit le *produit* au-dessus de l'autre *facteur*, pris sur la première échelle de la coulisse (1).

1er *Exemple*. $3 \times 2$. On amène le *curseur* sous 3, fig. 6, et au-dessus de 2 on lit 6, qui est le *produit* demandé.

On indique cette opération en écrivant le *curseur* 1 sous le *facteur* 3, et le *produit* $x=6$ au-dessus de l'autre *facteur* 2.

| | | |
|---|---|---|
| Ligne supérieure | 3 | $x=6$ |
| Coulisse | 1 | 2 |

En mettant le *curseur* sous 2, on trouve le *produit* 6 au-dessus de 3.

En retournant bout pour bout la coulisse et amenant l'un sous l'autre, les *facteurs* pris sur les premières

(1) Car le logarithme du *produit* est la somme des logarithmes des *facteurs*.

échelles de la règle et de la coulisse, on trouve le *produit* au-dessus du *curseur*.

| | | |
|---|---|---|
| Ligne supérieure | 3 | $x = 6$ |
| Coulisse retournée | 2 | 1 |

2ᵉ *Ex.* $3 \times 4 = 12$

| | | | |
|---|---|---|---|
| Lig. sup. | 3 | $x = 12$ | Fig. 6. |
| Coul. | 1 | 4 | |

| | | |
|---|---|---|
| Lig. sup. | 3 | $x = 12$ |
| Coul. ret. | 4 | 1 |

*Règles générales.* Lorsque le *curseur* et le *facteur* pris sur la même échelle de la coulisse, correspondent à la même échelle de la règle, le *produit* a *un chiffre de moins* que les deux *facteurs*.

Lorsque le *curseur* et le *facteur* pris sur la même échelle de la coulisse, ne correspondent pas à la même échelle de la règle, le *produit* a *autant de chiffres* que les deux *facteurs*.

3ᵉ *Ex.* $35 \times 25 = 875$

| | | | |
|---|---|---|---|
| Lig. sup. | 35 | $x = 875$ | Fig. 7. |
| Coul. | 1 | 25 | |

4ᵉ *Ex.* $35 \times 45 = 1575$

| | | | |
|---|---|---|---|
| Lig. sup. | 35 | $x = 1575$ | Fig. 7. |
| Coul. | 1 | 45 | |

*Remarque.* Lorsque le *produit* n'a que trois chiffres, significatifs ou non, ou seulement quatre, quand celui de gauche est 1, on obtient facilement le chiffre de droite du *résultat*, en multipliant ceux de droite des *facteurs*.

Si l'un ou les deux *facteurs* contiennent des *décimales*, on fait la multiplication sans avoir égard aux *virgules*, ensuite on sépare sur la droite du *produit autant de chiffres décimaux* qu'il y en a dans les *deux facteurs.*

| | | | |
|---|---|---|---|
| 5e *Ex.* 3,5 × 25 = 87,5 | Lig. sup.<br>Coul. | 35 $x$=875<br>1 25 | Fig. 7. |
| 6e *Ex.* 3,5 × 4,5 = 15,75 | Lig. sup.<br>Coul. | 35 $x$=1575<br>1 45 | Fig. 7. |
| 7e *Ex.* 0,35 × 0,25 = 0,0875 | Lig. sup.<br>Coul. | 35 $x$=875<br>1 25 | Fig. 7. |
| 8e *Ex.* 0,35 × 0,45 = 0,1575 | Lig. sup.<br>Coul. | 35 $x$=1575<br>1 45 | Fig. 7. (1). |

*Remarque.* Lorsqu'on veut multiplier un nombre par plusieurs autres, il est avantageux de mettre le *curseur* sous ce nombre, pris sur la première échelle de la règle, et de lire successivement les produits au-dessus de chaque multiplicateur.

*Exemple.* Soit 4 à multiplier par 2,3,5,9.

| Lig. sup. | 4 | $x$=8 | $x$=12 | $x$=20 | $x$=36 |
|---|---|---|---|---|---|
| Coul. | 1 | 2 | 3 | 5 | 9 |

### *Applications.*

1er *Exemple.* Quelles sont les longueurs des circonférences qui ont 3 mètres et 7 mètres de diamètre.

---

(1) On se rend compte des *règles générales* ci-dessus, en multipliant l'un par l'autre deux *nombres* entiers ou décimaux compris entre 1 et 10, et en supposant que les deux *échelles* de la règle n'en forment qu'une depuis 1 jusqu'à 100.

Pour les autres *nombres* entiers ou décimaux, on les ramène d'abord au cas précédent, en y avançant ou reculant convenablement la virgule que l'on place ensuite dans le *résultat* au rang qu'elle doit occuper d'après les changements que les *facteurs* ont subis.

On obtient la longueur de chaque circonférence en multipliant 3,142 par son diamètre. *Table* III.

| | | | | |
|---|---|---|---|---|
| Circ. = 3,142 × 3 = 9,43 m. | Lig. sup. | 3,142 | C = 9,43 | C = 22 |
| Circ. = 3,142 × 7 = 22 | Coul. | 1 | 3 | 7 |

2e *Exemple*. Combien doit-on pour 4,5 mètres de toiles, à 3,5 fr. le mètre.

| | | | | |
|---|---|---|---|---|
| Prix = 3,5 × 4,5 = 15,75 f. | Lig. sup. | 3,5 | P = 15,75 | Fig. 7. |
| | Coul. | 1 | 4,5 | |

3e *Exemple*. Combien 47 et 139 perches de 22 pieds valent-elles d'ares. Une perche vaut 0,5107 are. *Table* I.

| | | | | |
|---|---|---|---|---|
| 47 p. = 0,5107 × 47 = 24 ares | Lig. sup. | 0,5107 | A = 71 | A = 24 |
| 139 = 0,5107 × 139 = 71 | Coul. | 1 | 139 | 47 |

Dans cette position de la coulisse, chaque nombre de *perches de 22 pieds* pris sur la réglette, correspond sur la ligne supérieure à sa valeur en *ares*, et réciproquement. On peut en dire autant des applications analogues qui précèdent et qui suivent.

4e *Exemple*. Combien 20,8 pieds anglais valent-ils de mètres. *Table* I.

| | | | |
|---|---|---|---|
| 20,8 p. a. = 0,3048 × 20,8 = 6m,34 | Lig. sup. | 0,3048 | M = 6,34 |
| | Coul. | 1 | 20,8 |

## DE LA DIVISION.

### *Réduction des fractions en décimales ou à un dénominateur donné, et applications de la division.*

5. Après avoir amené le *diviseur* pris sur la première échelle de la coulisse sous le *dividende*, pris sur la seconde échelle de la règle, on lit le *quotient* au-dessus du *curseur* (1).

| 1er *Ex.* 6 : 2 = 3 | | | | |
|---|---|---|---|---|
| | Lig. sup. | $x = 3$ | 6 | Fig. 6. |
| | Coul. | 1 | 2 | |

La fig. 6 représente le *diviseur* 2, et le *dividende* 6 pris sur les premières échelles de la coulisse et de la règle, ce qui recule seulement la coulisse d'une échelle vers la gauche, et oblige à lire le résultat au-dessus du second *un* de la coulisse, lorsque le *curseur* quitte les divisions de la règle.

On peut aussi mettre le *curseur* sous le *diviseur* pris sur la première échelle de la règle, et lire le *quotient* sous le *dividende*.

| | | |
|---|---|---|
| Ligne supérieure | 2 | 6 |
| Coulisse | 1 | $x = 3$ |

Cette méthode revient à mettre le *curseur* sous 2, pour obtenir $3 \times 2 = 6$.

*Aux remarques du n° 6*, on indiquera le moyen d'obtenir le nombre de chiffres de ce dernier quotient.

---

(1) Car le logarithme du *quotient* est l'excès du logarithme du *dividende* sur celui du *diviseur*.

En retournant bout pour bout la coulisse, et amenant le *curseur* sous le *dividende* pris sur la seconde échelle de la règle, on trouve le *quotient* au-dessus du *diviseur* pris sur la première échelle de la coulisse.

| | | |
|---|---|---|
| **Ligne supérieure** | $x=3$ | 6 |
| **Coulisse retournée** | 2 | 1 |

2e *Ex.* 12 : 4 = 3

| | | | |
|---|---|---|---|
| **Lig. sup.** | $x=3$ | 12 | **Fig. 6.** |
| **Coul.** | 1 | 4 | |

| | | |
|---|---|---|
| **Lig. sup.** | $x=3$ | 12 |
| **Coul. ret.** | 4 | 1 |

*Règles générales.* Lorsque le *curseur* et le *diviseur* pris sur la même échelle de la coulisse, correspondent à la même échelle de la règle, *le quotient* a *un chiffre* de plus que le *dividende* en a de plus que le *diviseur.*

Lorsque le *curseur* et le *diviseur* pris sur la même échelle de la coulisse, ne correspondent pas à la même échelle de la règle, le *quotient* a *autant de chiffres* que le *dividende* en a *de plus* que le *diviseur*.

3e *Ex.* 875 : 25 = 35

| | | | |
|---|---|---|---|
| **Lig. sup.** | $x=35$ | 875 | **Fig. 7.** |
| **Coul.** | 1 | 25 | |

4e *Ex.* 1575 : 45 = 35

| | | | |
|---|---|---|---|
| **Lig. sup.** | $x=35$ | 1575 | **Fig. 7.** |
| **Coul.** | 1 | 45 | |

Lorsque le *dividende* ne contient pas le *diviseur* un nombre exact de fois, on obtient des *décimales* au *quotient* quand il a moins de trois chiffres.

5e *Ex.* 154 : 44 = 3,5

| | | | |
|---|---|---|---|
| **Lig. sup.** | $x=35$ | 154 | **Fig. 7.** |
| **Coul.** | 1 | 44 | |

Le *quotient* devant avoir *un seul chiffre*, il faut mettre la virgule entre 3 et 5.

Si le *dividende* et le *diviseur* contiennent des *décimales*, on fait la division sans avoir égard aux *virgules*; ensuite on en met *une* au *quotient*, à la place qui est indiquée par les *règles générales* relatives aux *nombres entiers*, c'est-à-dire sans compter les *chiffres décimaux*.

6ᵉ *Ex*. 15,75 : 4,5 = 3,5 { Lig. sup. $x=35$ 1575 / Coul. 1 45 } Fig. 7.

On met la virgule entre 3 et 5, car le *quotient* n'a qu'*un chiffre*, puisque le *dividende* en a *deux*, le *diviseur un*, et que ce *dernier* et le *curseur* ne correspondent pas à la même échelle de la règle.

Enfin si l'on a 1,575 : 0,45 et 0,1575 : 0,045, il faut avancer les virgules d'autant de rangs vers la droite dans le *dividende* et dans le *diviseur*, jusqu'à ce que chacun surpasse *un*, et opérer ensuite comme ci-dessus; ainsi 1,575 : 0,45 et 0,1575 : 0,045 reviennent à 15,75 : 4,5 ou à 157,5 : 45, qui donne 3,5 pour *quotient*.

6. Lorsque le *dividende* est plus petit que le *diviseur*, comme 3 : 8, qui revient à $\frac{3}{8}$, ou à réduire $\frac{3}{8}$ en décimale, on opère comme ci-dessus avec la règle, en ayant égard à la *règle générale* qui suit, pour placer la virgule dans le *résultat*.

*Règle générale*. On met entre la *virgule* et le *premier chiffre significatif du résultat*, *autant de zéros* qu'on en peut placer à la droite du *dividende* ou du *numérateur*, sans le rendre *égal* ou *supérieur* au *diviseur* ou au *dénominateur*.

1er *Ex.* 3 : 8 ou $\frac{3}{8} = 0,375$

| | | | | |
|---|---|---|---|---|
| L. s. | $x = 375$ | 3 | 6 | 9 |
| C. | 1 | 8 | 16 | 24 |

2e *Ex.* 3 : 16 ou $\frac{3}{16} = 0,1875$

| | | |
|---|---|---|
| L. s. | $x = 1875$ | 3 |
| C. | 1 | 16 |

3e *Ex.* 3 : 46 ou $\frac{3}{46} = 0,0652$

| | | |
|---|---|---|
| L. s. | $x = 652$ | 3 |
| C. | 1 | 46 |

Il est bon de remarquer que les nombres tels que 6 et 16, 9 et 24, qui se correspondent sur la règle et sur la coulisse dans le premier exemple, donnent des fractions $\frac{6}{16}$, $\frac{9}{24}$ égales à $\frac{3}{8}$; car la différence des logarithmes de leurs termes est la même que celle des logarithmes de 3 et de 8. On conclut de là que pour réduire $\frac{3}{8}$ en 24[es], il faut prendre pour numérateur de 24 le nombre 9 qui lui correspond sur la règle, ce qui donne $\frac{3}{8} = \frac{9}{24}$.

Si les *nombres donnés* contiennent des *décimales*, on met entre la *virgule* et le *premier chiffre significatif du résultat*, *autant de zéros* que la *virgule* peut être avancée de rangs vers la droite dans le *dividende* ou dans le *numérateur*, sans le rendre *égal* ou *supérieur* au *diviseur* ou au *dénominateur* (1).

---

(1) On se rend compte des *règles générales*, n[os] 5 et 6, en divisant des *nombres* entiers ou décimaux compris entre 10 et 100, par des *nombres* compris entre 1 et 10, et en supposant que les deux *échelles* de la règle n'en forment qu'une depuis 1 jusqu'à 100.

Pour les autres *nombres* entiers ou décimaux, on les ramène d'abord au cas précédent, en y avançant ou reculant convenablement la virgule que l'on place ensuite dans le *résultat* au rang qu'elle doit occuper d'après les changements que le *dividende* et le *diviseur* ont subis.

4e *Ex.* 1,2 : 6,4 ou $\frac{1,2}{6,4}$ = 0,1875 ⎧ Lig. sup. $x = 1875$ 12 ⎫
5e *Ex.* 0,12 : 6,4 ou $\frac{0,12}{6,4}$ = 0,01875 ⎩ Coul. 1 64 ⎭

*Observation.* Pour éviter les opérations sur les *fractions ordinaires*, on supposera les *nombres donnés* réduits en *nombres décimaux*.

*Remarques.* Lorsqu'on veut diviser plusieurs quantités par un même nombre, il est avantageux de mettre le *curseur* sous le *diviseur*, pris sur la première échelle de la règle, afin de lire successivement les *quotients* sous chaque *dividende*.

*Exemple.* Soient 8, 12, 20, 36 à diviser par 4.

| Lig. sup. | 4 | 8 | 12 | 20 | 36 |
|---|---|---|---|---|---|
| Coul. | 1 | $x = 2$ | $x = 3$ | $x = 5$ | $x = 9$ |

Cette opération est l'inverse de la *remarque* qui précède les applications, n° 4, relatives à la multiplication.

D'après cette manière d'opérer, le *quotient* a *un chiffre de plus* que le *diviseur* en a *de moins* que le *dividende*, lorsque ce *dernier*, pris sur la première échelle de la règle, correspond aux divisions de la coulisse; dans le cas contraire, le *quotient* a seulement *autant de chiffres* que le *diviseur* en a *de moins* que le *dividende*.

Lorsqu'on veut diviser un nombre par plusieurs autres, il est avantageux de retourner bout pour bout la coulisse, d'amener le *curseur* sous le *dividende*, pris sur la seconde échelle de la règle, et de lire successivement les *quotients* au-dessus de chaque *diviseur*.

*Exemple.* Soit 36 à diviser par 2, 3, 6, 9.

| Lig. sup. | $x = 4$ | $x = 6$ | $x = 12$ | $x = 18$ | 36 |
|---|---|---|---|---|---|
| Coul. ret. | 9 | 6 | 3 | 2 | 1 |

*Applications.*

1er *Exemple.* Quels sont les diamètres des circonférences qui ont 9,43 mètres et 22 mètres de longueur ?

On obtient chaque diamètre en divisant la circonférence par 3,142. *Table III.*

Diam. $= \frac{9,43}{3,142} = 3$ m.
Diam. $= \frac{22}{3,142} = 7$

| | | | |
|---|---|---|---|
| Lig. s. | 3,142 | 9,43 | 22 |
| Coul. | 1 | D=3 | D=7 |

2e *Exemple.* On a payé 15,75 fr. pour 4,5 mètres de toile ; quel est le prix du mètre ?

Prix = 15,75 : 4,5 = 3,5 f.

| | | |
|---|---|---|
| Lig. s. | P. = 3,5 | 15,75 |
| Coul. | 1 | 4,5 |

Fig. 7.

3e *Exemple.* Quelle sera la longueur de chaque portion d'une ligne de 42 centimètres divisée en 3 ou en 7 parties égales ?

Si l'on divise la ligne

En 3, chaque partie = 14 cent.
En 7 id. = 6

| | | | |
|---|---|---|---|
| Lig. sup. | $x = 6$ | $x = 14$ | 42 |
| Coul. ret. | 7 | 3 | 1 |

4e *Exemple.* Combien 35 kilogrammes valent-ils de livres ? Une livre vaut $0^k,4895$. *Table I.*

35 kil. $= \frac{35}{0,4895} = 71,5$ liv.

| | | |
|---|---|---|
| Lig. sup. | $x = 71,5$ | 35 |
| Coul. | 1 | 0,4895 |

5e *Exemple.* Combien 75 mètres valent-ils de toises anglaises ? *Table I.*

$75$ mèt. $= \frac{75}{1,829} = 41$ t. a.

| | | |
|---|---|---|
| Lig. sup. | $x = 41$ | 75 |
| Coul. | 1 | 1,829 |

## *Des Proportions ou Multiplications et Divisions simultanées.*

7\. 1er *Ex.* $4 : 48 :: 3 : x = 36$
ou $x = \frac{48 \times 3}{4} = 36$

| | | | |
|---|---|---|---|
| Lig. sup. | | $x = 36$ | 48 |
| Coul. | | 3 | 4 |
| Lig. sup. | Pr. $= 144$ | $x = 36$ | 48 |
| Coul. ret. | 1 | 4 | 3 |

2e *Ex.* $4 : 48 :: 9 : x = 108$
ou $x = \frac{48 \times 9}{4} = 108$

| | | | |
|---|---|---|---|
| Lig. sup. | 48 | | $x = 108$ |
| Coul. | 4 | | 9 |
| Lig. sup. | $x = 108$ | Pr. $= 432$ | 48 |
| Coul. ret. | 4 | 1 | 9 |

3e *Ex.* $4 : 12 :: 3 : x = 9$
ou $x = \frac{12 \times 3}{4} = 9$

| | | | |
|---|---|---|---|
| Lig. sup. | 12 | | $x = 9$ |
| Coul. | 4 | | 3 |
| Lig. sup. | $x = 9$ | 12 | Pr. $= 36$ |
| Coul. ret. | 4 | 3 | 1 |

*Première manière.* Après avoir amené le *premier terme* de la proportion ou le *diviseur*, pris sur la première échelle de la coulisse, sous l'un des *moyens* ou des *facteurs* pris sur la première échelle de la règle, le *quatrième terme* ou le *résultat* se trouve au-dessus de l'autre *moyen* ou *facteur*, pris sur la même échelle de la coulisse (1). Lorsque ce *dernier* quitte les divisions de la règle, comme dans le 3e exemple ci-dessus, on le prend sur la seconde échelle de la coulisse.

*Remarque.* Dans le premier exemple, on aurait pu

---

(1) Car le logarithme du *résultat* est l'excès de la somme des logarithmes des *deux facteurs* sur celui du *diviseur*.

mettre 4 sous 3, et lire le résultat 36 au-dessus de 48. On peut en dire autant pour les autres exemples.

*Seconde manière.* Après avoir retourné bout pour bout la coulisse et amené l'un sous l'autre, les *deux moyens* de la proportion ou les *deux facteurs*, pris l'un sur la seconde échelle de la règle, et l'autre sur la première échelle de la coulisse, le *quatrième terme* ou le *résultat* se trouve au-dessus du *premier terme* ou du *diviseur,* pris sur la même échelle de la coulisse. Lorsque ce *dernier* quitte les divisions de la règle, comme dans le 2e exemple ci-dessus, on le prend sur la seconde échelle de la coulisse.

De cette *seconde manière*, le *produit* des *deux moyens* ou des *deux facteurs* se trouve au-dessus du *curseur.* Quand ce *dernier* quitte les divisions de la règle comme dans les deux premiers exemples ci-dessus, on lit le produit au-dessus du *second un* de la coulisse.

*Règles générales.* Lorsque les *deux nombres*, pris sur la même échelle de la coulisse, correspondent *seuls* ou avec le *curseur,* à la même échelle de la règle, le *nombre des chiffres* du *résultat* est égal à l'*excès* de *ceux* des *deux moyens* ou des *deux facteurs* sur *ceux* du *premier terme* ou du *diviseur.*

Cet excès augmenté de *un,* donne le *nombre des chiffres* du *résultat*, lorsque le *curseur* et le *premier terme* ou le *diviseur,* pris sur la même échelle, correspondent *seuls* à une même échelle située sur la règle ou sur son prolongement.

Ce même excès diminué de *un*, donne le *nombre des chiffres* du *résultat,* lorsque le *curseur* et le *moyen* ou le *facteur,* pris sur la même échelle, correspondent *seuls* à une même échelle située sur la règle ou sur son prolongement.

Quand les *nombres* contiennent des *décimales*, on fait l'opération sans avoir égard aux *virgules;* ensuite on en met *une* au *résultat* à la place qui est indiquée par les *règles générales* relatives aux *nombres entiers*, c'est-à-dire, sans compter les *chiffres décimaux.*

| 4ᵉ *Ex.* $4 : 4{,}8 :: 3 : x = 3{,}6$ <br> ou $x = \frac{4{,}8 \times 3}{4} = 3{,}6$ | Lig. sup. <br> Coul. | $x = 36$ <br> 3 | 48 <br> 4 |
|---|---|---|---|

On met la *virgule* entre 3 et 6, car le *résultat* n'a qu'*un chiffre*, puisque les *deux moyens* ou les *deux facteurs* en ont *deux*, le *premier terme* ou le *diviseur un seul*, et que 3 et 4 correspondent à la même échelle de la règle.

Si l'on a $0{,}04 : 0{,}48 :: 0{,}3 : x$ ou $x = \frac{0{,}48 \times 0{,}3}{0{,}04}$, il faut avancer les virgules d'autant de rangs vers la droite dans le *premier terme* ou le *diviseur*, et dans les *deux moyens* ou les *deux facteurs* ensemble, jusqu'à ce que chaque nombre surpasse *un*, ensuite on opère comme ci-dessus; ainsi, $0{,}04 : 0{,}48 :: 0{,}3 : x$ ou $x = \frac{0{,}48 \times 0{,}3}{0{,}04}$, revient à $4 : 4{,}8 :: 3 : x$ ou à $x = \frac{4{,}8 \times 3}{4}$, et donne $x = 3{,}6$.

Lorsque l'application des *règles générales* ci-dessus ne donne pas de *chiffres* au *résultat*, on multiplie l'un des *moyens* ou des *facteurs* par 10 ou par 100 ou par 1000 ou etc., jusqu'à ce que le *nouveau résultat* surpasse *un;* puis, dans ce *dernier*, on recule la *virgule* de 1 ou de 2 ou de 3 ou etc., rangs vers la gauche.

5e *Exemple.* $40 : 4{,}8 :: 3 : x$ ou $x = \frac{4{,}8 \times 3}{40}$. On détermine la valeur de $\frac{48 \times 3}{40} = 3{,}6$, qui conduit à $x = \frac{4{,}8 \times 3}{40} = 0{,}36$.

6e *Exemple.* $400 : 4{,}8 :: 3 : x$ ou $x = \frac{4{,}8 \times 3}{400}$. On détermine la valeur de $\frac{480 \times 3}{400} = 3{,}6$, qui conduit à $x = \frac{4{,}8 \times 3}{400} = 0{,}036$ (1).

*Remarque.* Au lieu de multiplier 4,8 par 100, on aurait pu multiplier par 10 chacun des *moyens* ou des *facteurs.*

Lorsque l'*inconnue* n'est pas au *dernier terme*, on évite toute discussion en l'y transposant ; pour cela, il faut changer la place des *extrêmes*, si *elle* se trouve au *premier terme.* *Ex.* $x : 48 :: 3 : 4$, on écrit $4 : 48 :: 3 : x$.

---

(1) Lorsque la coulisse est dans sa position ordinaire, on se rend compte des *règles générales* ci-dessus, en multipliant et en divisant simultanément un *nombre entier* ou *décimal*, compris entre 10 et 100, par deux *nombres* compris entre 1 et 10, en supposant que les deux *échelles* de la règle n'en forment qu'une depuis 10 jusqu'à 1000, et en suppléant à une troisième *échelle* de 1 à 10, qui serait à gauche de la première de la règle.

Lorsque la coulisse est retournée bout pour bout, il faut supposer que les deux *échelles* de la règle n'en forment qu'une, depuis 1 jusqu'à 100, et suppléer à une troisième *échelle* de 100 à 1000, qui serait à droite de la seconde de la règle.

Pour les autres *nombres entiers* ou *décimaux*, on les ramène d'abord au cas précédent, en y avançant ou reculant convenablement la virgule, que l'on place ensuite dans le *résultat* au rang qu'elle doit occuper d'après les changements que les *nombres* ont subis.

Si l'*inconnue* est un des *termes* du *milieu*, il faut l'écrire au *quatrième terme*, en mettant les *extrêmes* à la place des *moyens*, et réciproquement. *Ex.* 3 : $x$ :: 4 : 48, on écrit 4 : 48 :: 3 : $x$. Pour 3 : 36 :: $x$ : 48, on écrit 36 : 3 : : 48 : $x$.

On supposera ce changement effectué dans toutes les proportions que l'on voudra résoudre.

*Voyez* n[os] 9, 10 et 11, comme on obtient la *moyenne proportionnelle par quotient* entre deux *nombres donnés* et le *quatrième terme* d'une proportion dans laquelle il s'en trouve *un* ou *deux* d'élevés au *carré*.

### *Formations des Carrés et extractions de leurs racines.*

8. En amenant le *curseur* sur *un* de l'échelle inférieure de la règle, fig. 1 ou 8, chaque *nombre* de la coulisse (considérée comme formant une seule échelle depuis 1 jusqu'à 100), est le *carré* du *nombre* correspondant de la ligne inférieure. Ainsi, 1, 4, 9, 16, 25, 36, 49, 64, 81 sont les carrés des nombres 1, 2, 3, 4, 5, 6, 7, 8, 9, auxquels ils correspondent et réciproquement.

*Règle générale.* Le *carré* a le *double des chiffres* du *nombre donné*, lorsque ce *dernier* correspond à la seconde échelle de la coulisse; il en a *un de moins* que ce *double*, quand le *nombre donné* correspond à la première échelle de la coulisse.

*Exemples.* $\overline{25}^2 = 625$. $\overline{36}^2 = 1296$.

Après avoir obtenu le carré d'un nombre décimal, sans faire attention à la virgule, on sépare sur sa droite deux fois autant de chiffres décimaux que le nombre donné en contient.

*Ex.* $\overline{2{,}5}^2 = 6{,}25$. $\overline{0{,}36}^2 = 0{,}1296$. $\overline{0{,}036}^2 = 0{,}001296$ (1).

*Réciproquement.* Les *carrés* qui ont 1,3,5,7, etc. chiffres, en donnent 1,2,3,4, etc. à leurs *racines*, que l'on obtient en lisant les *nombres* qui se trouvent sous ces *carrés*, pris sur la première échelle de la coulisse ; *ceux* de 2,4,6,8, etc. chiffres en donnent de même 1, 2,3,4, etc. à leurs *racines*, mais on les compte sur la seconde échelle de la coulisse.

*Exemples.* $\sqrt{625}=25$. $\sqrt{1296}=36$. $\sqrt{154}=12{,}4$.

Lorsque le *carré* renferme des *décimales*, on ne les compte pas pour déterminer l'échelle de la coulisse sur laquelle il faut le prendre, ni pour avoir le nombre des chiffres de la *racine*.

*Ex.* $\sqrt{6{,}25}=2{,}5$. $\sqrt{12{,}96}=3{,}6$. $\sqrt{1{,}54}=1{,}24$. $\sqrt{15{,}4}=3{,}92$.

On a pris 6,25 et 1,54 sur la première échelle de la coulisse, car ils n'ont qu'un chiffre, puis 12,96 et 15,4 sur la seconde, car ils en ont deux.

Lorsque le *carré* est une *fraction décimale* qui a un

(1) On se rend compte des règles ci-dessus en élevant au *carré* des *nombres entiers* ou *décimaux* compris entre 1 et 10, et en supposant que les deux échelles de la coulisse n'en forment qu'une depuis 1 jusqu'à 100.

Pour les autres *nombres entiers* ou *décimaux*, on les ramène d'abord au cas précédent, en y avançant ou reculant convenablement la virgule, que l'on place ensuite dans le *résultat* au rang qu'elle doit occuper d'après le changement que le *nombre proposé* a subi.

*nombre pair* de *chiffres décimaux*, on en extrait la *racine* sans avoir égard à la virgule que l'on recule ensuite dans le *résultat* d'un nombre de rangs égal à la moitié des *chiffres décimaux du carré.*

*Ex.* $\sqrt{0,0625}=0,25$. $\sqrt{0,1296}=0,36$. $\sqrt{0,001296}=0,036$. $\sqrt{0,0154}=0,124$, puisque $\sqrt{154}=12,4$ et que 0,0154 a quatre chiffres décimaux.

Lorsque le *carré* est une *fraction décimale* qui a un *nombre impair* de *chiffres décimaux*, on met un zéro à sa droite, avant d'opérer comme ci-dessus.

*Exemple.* $\sqrt{0,154}=\sqrt{0,1540}=0,392$, puisque $\sqrt{1540}=39,2$, et que 0,1540 a quatre *chiffres décimaux* (1).

*Trouver la moyenne proportionnelle par quotient entre deux nombres donnés, ou extraire la racine carrée du produit de ces mêmes nombres.*

9. En retournant bout pour bout la coulisse, n° 7, pour obtenir le quatrième terme d'une proportion par quotient dont les deux moyens sont égaux, il vient :

---

(1) On se rend compte des règles ci-dessus en extrayant des *racines carrées* de *nombres entiers* ou *décimaux* compris entre 1 et 100, et en supposant que les deux échelles de la coulisse n'en forment qu'une depuis 1 jusqu'à 100.

Pour les autres *nombres entiers* ou *décimaux*, on les ramène d'abord au cas précédent, en y avançant ou reculant la virgule d'un nombre pair de chiffres; ensuite on la place dans le *résultat* au rang qu'elle doit occuper d'après le changement que le *nombre proposé* a subi.

| | | | | |
|---|---|---|---|---|
| :3 :: 3 : $x = 4{,}5$ ou $x = \frac{3 \times 3}{2} = 4{,}5$ | Lig. sup. | Pr. = 9 | 3 | $x = 4{,}5$ |
| | C. ret. | 1 | 3 | 2 |
| | L. inf. | 3 | | |

| | | | | |
|---|---|---|---|---|
| 4 : 6 :: 6 : $x = 9$ ou $x = \frac{6 \times 6}{4} = 9$ | Lig. sup. | Pr. = 36 | 6 | $x = 9$ |
| | C. ret. | 1 | 6 | 4 |
| | L. inf. | 6 | | |

De ces deux exemples, on conclut qu'en amenant l'un sous l'autre 2 et 4,5 ou 4 et 9 pris, l'un sur la seconde échelle de la règle, et l'autre sur la première échelle de la coulisse, le *terme moyen* de la proportion ou la *moyenne proportionnelle par quotient* entre 2 et 4,5 ou entre 4 et 9, est le nombre qui correspond à lui-même sur les échelles ci-dessus de la règle et de la coulisse, ou bien encore celui qui se trouve au-dessous du *second un* de la coulisse.

Si l'on demandait la *moyenne proportionnelle par quotient* entre 2 et 45, il ne faudrait pas prendre 3 qui correspond à *lui-même* sur la seconde échelle de la règle et sur la première échelle de la coulisse, non plus que 3 qui est au-dessous du *second un* de la coulisse, mais bien 9,49 qui correspond à lui-même sur les premières échelles de la règle et de la coulisse, ou bien celui qui se trouve sous le *curseur*.

De même, *la moyenne proportionnelle par quotient* entre 4 et 90 est 18,97, qui correspond à lui-même sur les secondes échelles de la règle et de la coulisse, ou bien celui qui se trouve au-dessous du *troisième un* de la coulisse.

Ces différences proviennent du *produit* de 2 par 45 qui a deux chiffres, tandis que *celui* de 2 par 4,5 n'en a qu'un, et du *produit* de 4 par 90 qui a trois chiffres, tandis que *celui* de 4 par 9 n'en a que deux.

*Règle générale.* Pour obtenir la *moyenne proportionnelle par quotient* entre deux nombres, il faut retourner bout pour bout la coulisse et les amener l'un sous l'autre en les prenant l'un sur la seconde échelle de la règle, et l'autre sur la première échelle de la coulisse, puis lire le *résultat* sous le *un* de la coulisse qui correspond à la première échelle de la règle, si le *produit* des deux quantités données à un nombre impair de chiffres, et sous le *un* de la coulisse qui correspond à la seconde échelle de la règle si le produit des deux quantités données a un nombre pair de chiffres (*Voy.*, n° 4, les règles relatives au nombre des chiffres d'un produit).

Il ne faut pas compter les chiffres décimaux en suivant la règle précédente.

Quant au nombre des chiffres du résultat, *voyez* n° 8, les règles relatives à l'extraction des racines carrées.

Si l'un ou les deux nombres donnés sont des fractions décimales, on y avance la virgule vers la droite, jusqu'à ce que chacun surpasse 1 et que la virgule ait été déplacée en totalité d'un nombre pair de rangs, ensuite on la recule dans le *résultat* d'un nombre de rangs égal à la moitié de celui dont elle a été déplacée dans les nombres donnés.

*Ex.* $0{,}2 : x :: x : 0{,}45$ ou $x = \sqrt{0{,}2 \times 0{,}45} = 0{,}3$.

Après avoir avancé la virgule d'un rang vers la droite dans chaque nombre donné, et obtenu $\sqrt{2 \times 4{,}5}$

$=3$; on conclut $\sqrt{0,2\times0,45}=0,3$, en reculant la virgule d'un rang vers la gauche dans le nombre 3, puisqu'elle a été déplacée en totalité de deux rangs dans les nombres donnés 0,2 et 0,45 (1).

*Résolution des proportions qui contiennent un terme élevé au carré.*

10. Si l'un des *moyens* de la proportion est élevé au *carré*.

1er *Ex.* $1,2 : \overline{1,8}^2 :: 3 : x=8,1$

ou $x=\frac{\overline{1,8}^2\times3}{1,2}=8,1$

| | | |
|---|---|---|
| Lig. sup. | $\overline{1,8}^2=3,24$ | $x=8,1$ |
| Coul. | 1,2 | 3 |
| Lig. inf. | 1,8 | |
| Lig. s. | $\overline{1,8}^2=3,24$ | $x=8,1$ |
| C. ret. | 3 | 1,2 |
| Lig. inf. | 1,8 | |

On se dispense de chercher le carré 3,24 de 1,8 en mettant 1,2 de la première échelle de la coulisse au-dessus de 1,8 (cela revient à placer 1,2 sous 3,24 de l'échelle de la règle qui correspond à 1,8 de sa ligne inférieure), et en lisant comme à l'ordinaire, n° 7, le résultat 8,1 au-dessus de 3. On a opéré d'une manière analogue en retournant bout pour bout la coulisse, avec cette différence que l'on a pris le facteur 3 sur sa seconde échelle.

---

(1) On se rend compte des règles ci-dessus, en raisonnant sur le *produit* des nombres donnés, comme pour l'extraction de la racine carrée d'un nombre proposé, n° 8.

$2^e$ *Ex.* $1,2 : \overline{1,8}^2 :: 5 : x = 13,5$
ou $x = \frac{\overline{1,8}^2 \times 5}{1,2} = 13,5$

| | | |
|---|---|---|
| Lig. s. | $\overline{1,8}^2 = 3,24$ | $x = 13,5$ |
| Coul. | 1,2 | 5 |
| Lig. inf. | 1,8 | |

| | | |
|---|---|---|
| Lig. s. | $\overline{1,8}^2 = 3,24$ | $x = 13,5$ |
| C. ret. | 5 | 1,2 |
| L. inf. | 1,8 | |

$3^e$ *Ex.* $1,2 : \overline{5,4}^2 :: 3 : x = 72,9$
ou $x = \frac{\overline{5,4}^2 \times 3}{1,2} = 72,9$

| | | |
|---|---|---|
| Lig. s. | $\overline{5,4}^2 = 29,16$ | $x = 72,9$ |
| Coul. | 1,2 | 3 |
| L. inf. | 5,4 | |

| | | |
|---|---|---|
| Lig. s. | $\overline{5,4}^2 = 29,16$ | $x = 72,9$ |
| C. ret. | 3 | 1,2 |
| L. inf. | 5,4 | |

$4^e$ *Ex.* $1,2 : \overline{5,4}^2 :: 5 : x = 121,5$
ou $x = \frac{\overline{5,4}^2 \times 5}{1,2} = 121,5$

| | | |
|---|---|---|
| Lig. s. | $x = 121,5$ | $\overline{5,4}^2 = 29,16$ |
| Coul. | 5 | 1,2 |
| L. inf. | | 5,4 |

| | | |
|---|---|---|
| Lig. s. | $x = 121,5$ | $\overline{5,4}^2 = 29,16$ |
| C. ret. | 1,2 | 5 |
| L. inf. | | 5,4 |

En mettant 1,2 de la première échelle de la coulisse sur 5,4 ou sous 29,16 de la seconde échelle de la règle, le 5 de la coulisse se trouve hors les divisions de la règle, ce qui oblige à mettre 1,2 de la seconde échelle de la coulisse sur 5,4 ou sous 29,16 de la seconde échelle de la règle, et à lire le *résultat* 121,5 au-dessus du premier 5 de la coulisse. Le même inconvénient oblige à prendre 5 sur la première échelle de la coulisse retournée bout pour bout pour l'amener sur 5,4. On ne rencontrera jamais ces inconvénients si l'on a égard aux *règles générales* qui suivent.

*Règles générales.* Il faut prendre l'*extrême* ou le *diviseur* sur la première ou sur la deuxième échelle de la coulisse, suivant que le *moyen* ou le *facteur* lu sur la ligne des carrés, correspond à la première ou à la deuxième échelle supérieure de la règle.

Quand la coulisse est retournée bout pour bout, il faut prendre le *moyen* ou le *facteur* qui n'est pas élevé au *carré* sur la seconde ou sur la première échelle de la coulisse, suivant que l'autre *moyen* ou *facteur* lu sur la ligne des carrés correspond à la première ou à la deuxième échelle supérieure de la règle.

Pour trouver la place de la virgule dans la valeur de l'*inconnue*, il faut la chercher, n° 8, dans le *carré*, puis rapporter les quantités prises sur la coulisse à la ligne supérieure de la règle, et suivre les règles données, n° 7, pour déterminer le nombre des chiffres du *résultat*.

Si l'*extrême connu* est élevé au carré.

1er *Ex.* $\overline{1{,}8}^2 : 1{,}2 :: 8{,}1 : x = 3$ ou $x = \frac{1{,}2 \times 8{,}1}{\overline{1{,}8}^2} = 3$

| | | |
|---|---|---|
| Lig. s. | $\overline{1{,}8}^2 = 3{,}24$ | 8,1 |
| Coul. | 1,2 | $x = 3$ |
| L. inf. | 1,8 | |
| Lig. s. | $\overline{1{,}8}^2 = 3{,}24$ | 8,1 |
| C. ret. | $x = 3$ | 1,2 |
| L. inf. | 1,8 | |

On met 1,8 de la ligne inférieure sous 1,2 de l'échelle convenable de la coulisse pour lire le *résultat* 3 sous le 8,1 de la règle qui correspond aux divisions de la coulisse.

En retournant bout pour bout la coulisse, on fait correspondre 1,2 et 8,1 sur les échelles convenables de la coulisse et de la règle, afin que 1,8 de la ligne inférieure ne quitte pas les divisions de la coulisse pour donner le *résultat*.

On détermine le nombre des chiffres du *résultat*, en changeant dans les règles du n° 7 la *ligne supérieure de la règle* en *coulisse*, et réciproquement, car l'*inconnue* se trouve sur cette *dernière*.

Enfin si l'*inconnue* est élevée au *carré*.

1er *Ex.* $3 : 8{,}1 :: 1{,}2 : \overline{x}^2 = \overline{1{,}8}^2$
ou $x = \sqrt{\frac{8{,}1 \times 1{,}2}{3}} = 1{,}8$

| | | |
|---|---|---|
| Lig. s. | $\overline{x}^2 = 3{,}24$ | 8,1 |
| Coul. | 1,2 | 3 |
| L. inf. | $x = 1{,}8$ | |
| Lig. s. | $\overline{x}^2 = 3{,}24$ | 8,1 |
| C. ret. | 3 | 1,2 |
| L. inf. | $x = 1{,}8$ | |

2e *Ex.* $3 : 72{,}9 :: 1{,}2 : \overline{x}^2 = \overline{5{,}4}^2$
ou $x = \sqrt{\frac{72{,}9 \times 1{,}2}{3}} = 5{,}4$

| | | |
|---|---|---|
| Lig. s. | 72,9 | $\overline{x}^2 = 29{,}16$ |
| Coul. | 3 | 1,2 |
| L. inf. | | $x = 5{,}4$ |
| Lig. s. | 72,9 | $\overline{x}^2 = 29{,}16$ |
| C. ret. | 1,2 | 3 |
| L. inf. | | $x = 5{,}4$ |

*Règles générales.* On amène l'*extrême* ou le *diviseur* pris sur une échelle de la coulisse, sous l'un des *moyens* ou des *facteurs*, pris sur l'échelle convenable de la règle pour que le *résultat* qui est sur la ligne des carrés et sous l'autre *moyen* ou l'autre *facteur*, corresponde à la première échelle supérieure de la règle, si le *carré* de l'*inconnue*, qui est le *quatrième terme*, a un *nombre impair* de chiffres ou un *nombre impair* de *zéros* après la virgule (*Voyez* les règles n° 7), et à la seconde échelle de la règle, si le même *carré* a un *nombre pair* de chiffres ou un *nombre pair* ou *pas* de zéros après la virgule; car il faut suivre les règles du n° 8 relatives à l'extraction des *racines carrées* et à la position de la virgule dans le *résultat*.

En retournant bout pour bout la coulisse, on fait correspondre les *moyens* ou les *facteurs* sur les échelles convenables de la coulisse et de la règle, afin de lire le *résultat* sur la ligne des carrés et sous l'*extrême* ou le *diviseur* pris sur l'échelle de la coulisse qui le fait correspondre à l'échelle supérieure de la règle indiquée ci-dessus.

*Résolution des proportions qui contiennent deux termes élevés au carré, savoir : un moyen et un extrême.*

**11.** Si l'*extrême connu* est élevé au carré ainsi que l'un des *moyens :*

1er *Ex.* $2^2 : 8 :: 3^2 : x = 18$

| | | |
|---|---|---|
| Lig. sup. | $2^2 = 4$ | $3^2 = 9$ |
| Coul. | 8 | $x = 18$ |
| L. inf. | 2 | 3 |

ou $x = \frac{8 \times 3^2}{2^2} = 18$

| | | |
|---|---|---|
| Lig. sup. | $2^2 = 4$ | $3^2 = 9$ |
| C. ret. | $x = 18$ | 8 |
| L. inf. | 2 | 3 |

On se dispense d'élever 2 et 3 au carré en mettant 8 de la première échelle de la coulisse au-dessus de 2, et en lisant le *résultat* au-dessus du 3 de la ligne inférieure (cela revient à placer 8 sous $2^2$ ou 4, et à lire le *résultat* sous $3^2$ ou 9 d'une échelle de la règle).

En retournant bout pour bout la coulisse on obtient le *résultat* au-dessus de 2, après avoir mis 8 de la première échelle de la coulisse au-dessus de 3.

2e *Ex.* $2^2 : 8 :: 9^2 : x = 162$

| | | |
|---|---|---|
| Lig. sup. | $2^2 = 4$ | $9^2 = 81$ |
| Coul. | 8 | $x = 162$ |
| L. inf. | 2 | 9 |

ou $x = \frac{8 \times 9^2}{2^2} = 162$

| | | |
|---|---|---|
| Lig. sup. | $2^2 = 4$ | $9^2 = 81$ |
| C. ret. | $x = 162$ | 8 |
| L. inf. | 2 | 9 |

En mettant 8 de la première échelle de la coulisse au-dessus de 2, le 9 de la ligne inférieure se trouve hors les divisions de la coulisse, ce qui oblige à l'avancer d'une échelle vers la droite. Pour cela, il faut avancer 8 de la première échelle de la coulisse sous 4 de la seconde échelle de la règle, ou bien remarquer à quelle division le *second un* de la règle correspond sur la seconde échelle de la coulisse, pour avancer cette dernière jusqu'à ce que la même division de sa première échelle soit sous le *second un* de la règle. On peut aussi chercher deux divisions qui coïncident sur les secondes échelles de la règle et de la coulisse, puis avancer cette dernière jusqu'à ce que la même division de sa première échelle soit sous celle qui a été remarquée sur la seconde échelle de la règle. Après avoir avancé la coulisse d'une échelle, le 9 de la ligne inférieure se trouve sous 162 qui est la valeur de $x$.

Lorsqu'on a retourné bout pour bout la coulisse et mis 8 de sa première échelle au-dessus de 9, le 2 de la ligne inférieure se trouve hors les divisions de la coulisse, ce qui oblige à reculer cette dernière d'une échelle, après quoi on lit $x = 162$ au-dessus de 2.

Donc, soit qu'on retourne ou non la coulisse, il faut prendre le *moyen* ou le *facteur*, qui n'est pas élevé au carré, sur l'échelle convenable de la coulisse, pour que les divisions de cette dernière correspondent aux deux nombres de la ligne inférieure, si cela est possible;

dans le cas contraire, on est obligé d'avancer ou de culer la coulisse d'une échelle avant de pouvoir l le *résultat*.

Pour trouver la place de la virgule dans la valeur l'*inconnue*, il faut la déterminer, n° 8, dans chaq carré, puis rapporter ces carrés à chaque échelle su rieure et convenable de la règle, pour qu'ils corr pondent aux deux nombres pris sur la coulisse dans position où elle donne le *résultat*, et suivre les règl données, n° 7, en y changeant la *ligne supérieure de règle* en *coulisse*, et réciproquement, car l'*inconnue* trouve sur cette *dernière*.

Si l'un des termes élevés au carré est inconnu,

1er *Ex*. $8 : 2^2 :: 18 : x^2 = 3^2$

| | | |
|---|---|---|
| Lig. sup. | $2^2 = 4$ | $x^2 =$ |
| Coul. | 8 | 1 |
| L. inf. | 2 | $x =$ |

ou $x = \sqrt{\frac{2^2 \times 18}{8}} = 3$

| | | |
|---|---|---|
| Lig. sup. | $2^2 = 4$ | $x^2 =$ |
| C. ret. | 18 | |
| L. inf. | 2 | $x =$ |

2e *Ex*. $8 : 2^2 :: 162 : x^2 = 9^2$

| | | |
|---|---|---|
| Lig. sup. | $2^2 = 4$ | $x^2 = 8$ |
| Coul. | 8 | 16 |
| L. inf. | 2 | $x =$ |

ou $x = \sqrt{\frac{2^2 \times 162}{8}} = 9$

| | | |
|---|---|---|
| Lig. sup. | $2^2 = 4$ | $x^2 = 81$ |
| C. ret. | 162 | 8 |
| L. inf. | 2 | $x = 9$ |

Après avoir mis 2 sous 8 de la première échelle d la coulisse, 162 de la deuxième échelle de cette der nière n'étant pas sous la seconde échelle de la règle comme cela est nécessaire, n° 8, puisque le carré d $x$, ou le quatrième terme, a deux chiffres, n° 7, il fau avancer la coulisse d'une échelle, et lire $x=9$ sous 162 de sa seconde échelle.

Après avoir retourné bout pour bout la coulisse et mis 162 de sa seconde échelle au-dessus de 2, il faut l'avancer d'une échelle pour lire $x=9$ sous 8 de sa première échelle.

Donc, soit qu'on retourne ou non la coulisse, il faut l'avancer ou la reculer d'une échelle avant de lire le *résultat*, si le nombre sous lequel il doit se trouver ne peut pas être pris sur une échelle de la coulisse, de manière (d'après le nombre des chiffres du quatrième terme de la proportion, n° 7) qu'il corresponde à l'échelle supérieure de la règle qui est exigée par le n° 8. On se servira des règles du n° 8, pour placer la virgule dans la valeur de *l'inconnue*.

### *Formations des cubes et extractions de leurs racines.*

12. En amenant le *curseur* au-dessus d'un *nombre* de la ligne inférieure, le même *nombre* pris sur la première échelle de la coulisse, correspond à son *cube* sur la ligne supérieure de la règle (1).

| *Ex.* $2^3=8$ | | | |
|---|---|---|---|
| | Lig. sup. | | $x=8$ |
| | Coul. | 1 | 2 |
| | Lig. inf. | 2 | |

| *Ex.* $4^3=64$ | | | |
|---|---|---|---|
| | Lig. sup. | | $x=64$ |
| | Coul. | 1 | 4 |
| | Lig. inf. | 4 | |

(1) Car on ajoute le logarithme du *nombre* à celui de son *carré*, nos 1 et 8.

*Ex.* $7^3 = 343$

| | | |
|---|---|---|
| Lig. sup. | $x = 343$ | |
| Coul. | 7 | 1 |
| Lig. inf. | | 7 |

En mettant le *curseur* sur 7, le 7 de la coulisse sor de la règle et correspond à une troisième échelle qu n'étant pas tracée, oblige à mettre le second 1 de coulisse sur 7, et à lire le *cube* au-dessus du 7 de première échelle de la coulisse (1).

*Autre moyen.* Le *cube* d'un nombre se trouve au dessus du *curseur*, lorsqu'après avoir retourné bou pour bout la coulisse, on a fait correspondre ce *nombr* à lui-même sur la ligne des carrés et sur la premièr échelle de la coulisse.

*Ex.* $2^3 = 8$

| | | |
|---|---|---|
| Lig. sup. | | $x = 8$ |
| Coul. ret. | 2 | 1 |
| Lig. inf. | 2 | |

*Ex.* $4^3 = 64$

| | | |
|---|---|---|
| Lig. sup. | | $x = 64$ |
| Coul. ret. | 4 | 1 |
| Lig. inf. | 4 | |

*Ex.* $7^3 = 343$

| | | |
|---|---|---|
| Lig. sup. | $x = 343$ | |
| Coul. ret. | 1 | 7 |
| Lig. inf. | | 7 |

Dans le dernier exemple, on est obligé de lire l *résultat* au-dessus du second 1 de la coulisse, car l *curseur* sort de la règle.

*Règle générale.* Pour les *nombres* qui ont 1, 2, 3 4, etc. *chiffres*, le *cube* en a 1, 4, 7, 10, etc., lorsqu'i

(1) Cela provient de ce que le cube 343 de 7 se trouve sur un troisième échelle de la règle qui ferait suite aux deux premières.

se trouve sur la première échelle de la règle; il en a 2, 5, 8, 11, etc., quand il se trouve sur la seconde échelle de la règle; enfin il en a 3, 6, 9, 12, etc., lorsqu'il se trouve sur une troisième échelle qui serait à droite de la règle.

*Exemples.* $\overline{12}^3 = 1728$. $^3 = 15650$. $\overline{58}^3 = 195000$. Le calcul donne $\overline{25}^3 = 15625$. $\overline{58}^3 = 195112$.

Après avoir obtenu le cube d'un nombre décimal sans faire attention à la virgule, on sépare sur sa droite trois fois autant de chiffres décimaux que le nombre donné en contient.

*Exemples.* $\overline{0,2}^3 = 0,008$. $\overline{0,4}^3 = 0,064$. $\overline{0,07}^3 = 0,000343$. $\overline{1,2}^3 = 1,728$. $\overline{0,25}^3 = 0,015650$. $\overline{5,8}^3 = 195,000$ (1).

Après avoir retourné bout pour bout la coulisse et amené le *curseur* sous un nombre de la première échelle de la règle, si ce nombre a 1, 4, 7, 10, etc. chiffres, sous un nombre de la seconde échelle, s'il a 2, 5, 8, 11, etc. chiffres, et enfin sous un nombre de la troisième échelle, s'il a 3, 6, 9, 12, etc. chiffres. (On y parvient en mettant le second 1 de la coulisse sous le même nombre pris sur la seconde échelle de la règle.) La

---

(1) On se rend compte des règles ci-dessus en élevant au *cube* des *nombres entiers* ou *décimaux* compris entre 1 et 10, et en supposant que les deux échelles de la règle, qui donnent les nombres depuis 1 jusqu'à 100, sont suivies d'une troisième échelle de 100 à 1000.

Pour les autres *nombres entiers* ou *décimaux*, on les ramène d'abord au cas précédent, en y avançant ou reculant convenablement la virgule que l'on place ensuite dans le *résultat*, au rang qu'elle doit occuper d'après le changement que le *nombre* proposé a subi.

racine cubique du même nombre est celui qui se correspond à lui-même sur la ligne des carrés et sur la première échelle de la coulisse.

| | | | |
|---|---|---|---|
| *Ex.* $\sqrt[3]{8}=2$ | Lig. sup. | | 8 |
| | Coul. ret. | $x=2$ | 1 |
| | Lig. inf. | $x=2$ | |
| *Ex.* $\sqrt[3]{64}=4$ | Lig. sup. | | 64 |
| | Coul. ret. | $x=4$ | 1 |
| | Lig. inf. | $x=4$ | |
| *Ex.* $\sqrt[3]{343}=7$ | Lig. sup. | 343 | |
| | Coul. ret. | 1 | $x=7$ |
| | Lig. inf. | | $x=7$ |

*Règle générale.* La *racine cubique* a 1 chiffre quand le *cube* en contient 1, 2 ou 3 ; *elle* a 2 chiffres quand le *cube* en a 4, 5 ou 6 ; *elle* a 3 chiffres quand le *cube* en a 7, 8 ou 9, etc.

*Exemples.* $\sqrt[3]{1728}=12$. $\sqrt[3]{15650}=25$. $\sqrt[3]{195}=5,8$.

Lorsque le *cube* renferme des *décimales*, on ne les compte pas pour déterminer l'échelle de la règle sous laquelle il faut mettre le *curseur*, ni pour avoir le nombre des chiffres de la *racine*.

*Exemples.* $\sqrt[3]{1,728}=1,2$. $\sqrt[3]{15,65}=2,5$.

Lorsque le *cube* est une *fraction décimale*, qui a 3, 6, 9, 12, etc., *chiffres décimaux*, on en extrait la *racine* sans avoir égard à la virgule, que l'on recule ensuite dans le résultat d'un nombre de rangs égal au *tiers* des *chiffres décimaux* du *cube*.

*Exemples.* $\sqrt[3]{0,001728}=0,12$. $\sqrt[3]{0,000195}=0,058$.

Lorsque le *cube* est une *fraction décimale* qui ne contient pas 3, 6, 9, 12, etc., *chiffres décimaux*, on le ramène d'abord au cas précédent, en mettant 1 ou 2 zéros à sa droite, et ensuite on opère de même.

*Exemple.* $\sqrt[3]{0,01565}=\sqrt[3]{0,015650}=0,25$ (1).

*Trouver les logarithmes des nombres, et réciproquement.*

13. La ligne inférieure du revers de la coulisse, fig. 5, est divisée en 500 parties égales (dont chacune compte pour 2 ), à partir des points donnés par l'extrémité de la règle, fig. 1, lorsque le *curseur* est au-dessus de 1 et de 10 de la ligne des carrés dont les logarithmes sont par conséquent représentés par 0 et par 1000.

La ligne analogue de la règle qui a 35 centimètres est divisée en 1000 parties égales.

En mettant le *curseur* au-dessus d'un nombre ( compris entre 1 et 10) de la ligne des carrés, l'extrémité de la règle correspond à son logarithme (2).

---

(1) On se rend compte des règles ci-dessus, en extrayant des *racines cubiques* de *nombres entiers* ou *décimaux*, compris entre 1 et 1000, et en supposant une troisième échelle à droite de la règle, qui, avec les deux premières, n'en forment qu'une depuis 1 jusqu'à 1000.

Pour les autres *nombres entiers* ou *décimaux*, on les ramène d'abord au cas précédent, en y avançant ou reculant la virgule de 3, 6, 9, 12, etc., chiffres ; ensuite on la place dans le *résultat* au rang qu'elle doit occuper d'après le changement que le *nombre proposé* a subi.

(2) Car les 1000 parties égales du revers de la coulisse ont la lon-

*Exemples*. Log. 3 = 477. Log. 1,5 = 176. Log. 5,2 = 716. Log. 1,57 = 196. Log. 5,26 = 721. Log. 1,04 = 17.

Lorsque le nombre surpasse 10, il faut y mettre la virgule à la place convenable pour opérer comme ci-dessus, puis ajouter au logarithme trouvé autant de fois 1000 que la virgule a été reculée de rangs vers la gauche.

*Exemples*. Log. 15 = 1176. Log. 157 = 2196 (1). Log. 15,7 = 1196.

On évite la recherche des logarithmes des *fractions décimales* en opérant comme il sera indiqué, n° 14, pour la formation de leurs *puissances*, et pour l'extraction de leurs *racines*.

En faisant correspondre l'extrémité de la règle à un logarithme moindre que 1000, le curseur se trouve au-dessus du nombre (compris entre 1 et 10) auquel il appartient.

Ainsi les logarithmes 602. 672. 415. 425 appartiennent aux nombres 4. 4,7. 2,6. 2,66.

Lorsqu'un logarithme surpasse mille, on ôte d'abord les mille qu'il contient pour chercher le nombre

---

gueur de l'échelle inférieure de la règle qui, dans ce cas, représente le logarithme de 10, et chaque espace compris entre le zéro du revers de la coulisse et l'extrémité de la règle, donne le logarithme du nombre auquel correspond le curseur, puisque cet espace est égal à celui qui se trouve entre 1 de la ligne inférieure de la règle et le curseur.

(1) Car $157 = 1,57 \times \overline{10}^2$; donc log. 157 = log. 1,57 + 2 log. 10 = 196 + 2000 = 2196.

auquel appartient le reste ; ensuite on avance la virgule dans le résultat d'autant de rangs vers la droite que l'on a supprimé de mille.

Ainsi le logarithme donné 2196 appartient à 157 que l'on obtient en avançant la virgule de deux rangs vers la droite dans le nombre 1,57 qui a 196 pour logarithme (1).

On trouve de même que les logarithmes donnés 1176. 1196, etc., appartiennent aux nombres 15. 15,7. etc.

*Remarque générale*. Chaque logarithme contient autant de mille que le nombre renferme de chiffres non décimaux moins un, et réciproquement chaque nombre a un chiffre non décimal de plus que son logarithme contient de mille. La raison en est que l'on a représenté par mille le logarithme de 10 qui est seulement 1 dans les tables ; d'où il suit que chaque logarithme obtenu sur la règle n'est autre chose que celui des tables dans lequel on aurait avancé la virgule de 3 rangs vers la droite.

*Observation*. Si l'on renversait la coulisse (en mettant le dessus en dessous) pour faire ensuite coïncider les extrémités de la droite divisée en parties égales avec celles de la ligne des carrés, chaque nombre de cette dernière aurait pour logarithme la division correspondante sur la coulisse et réciproquement, si la droite divisée en parties égales était numérotée en sens inverse.

---

(1) En effet 2196 = 196 + 2000 ; or 196 = log. 1,57 et 2000 = 2 log. 10 = log. $\overline{10}^2$ ; donc 196 + 2000 = 2196 = log. ( 1,57 × $\overline{10}^2$ ) = log. 157.

*Formations des Puissances et extractions de leurs Racines.*

14. On demande la quatrième puissance de 1,5.

En multipliant par 4, degré de la puissance, le log. de 1,5 qui est 176, n° 13, on obtient 704 pour le log. de $\overline{1,5}^4$. (1); donc $\overline{1,5}^4 = 5,06$.

On trouve de même, log. $\overline{1,5}^6 = 1056$, et $\overline{1,5}^6 = 11,39$.

Log. $15 = 1176$, log. $\overline{15}^3 = 3528$, et $\overline{15}^3 = 3375$.

Log. $5,2 = 716$, log, $\overline{5,2}^3 = 2148$, et $\overline{5,2}^3 = 140,6$.

*Remarque.* On ferait mieux de reculer la virgule dans le nombre donné pour le ramener entre 1 et 10, d'opérer comme ci-dessus, et d'avancer ensuite la virgule d'autant de places vers la droite dans le résultat que l'on obtiendrait d'unités en multipliant le nombre de rangs dont elle a été déplacée par le degré de la puissance.

*Exemple.* $\overline{15}^6$. Après avoir trouvé $\overline{1,5}^6 = 11,39$, on avance la virgule de 6 rangs vers la droite, ce qui donne $\overline{15}^6 = 11390000$.

Quant aux fractions décimales : après avoir opéré sans faire attention à la virgule, on sépare sur la droite du résultat autant de chiffres décimaux que l'on obtient d'unités en multipliant le nombre des décimales données par le degré de la puissance.

---

(1) Car log. $\overline{1,5}^4 = 4$ fois log. 1,5.

*Exemples.* $\overline{0,15}^3$. Après avoir trouvé $\overline{15}^3 = 3375$, on recule la virgule de six rangs vers la gauche, ce qui donne $\overline{0,15}^3 = 0,003375$ ; de même $\overline{0,015}^3 =$ $0,000003375$.

*Remarque analogue à la précédente.* On ferait mieux d'avancer la virgule dans le nombre donné pour le ramener entre 1 et 10, d'opérer comme ci-dessus, et de séparer ensuite sur la droite du résultat autant de chiffres décimaux que l'on obtiendrait d'unités en multipliant le nombre de rangs dont la virgule a été déplacée par le degré de la puissance.

*Exemple.* $\overline{0,15}^3$. Après avoir trouvé $\overline{1,5}^3 = 3,375$, on recule la virgule de 3 rangs vers la gauche, ce qui donne $\overline{0,15}^3 = 0,003375$.

On demande la racine quatrième de 5,06.

En divisant par 4, degré de la racine, le log. de 5,06 qui est 704, on obtient 176 pour le log. de $\sqrt[4]{5,06}$ (1) ; donc $\sqrt[4]{5,06} = 1,5$, n° 13.

On trouve de même log. $11,39 = 1056$, log. $\sqrt[6]{11,39}$ $= 176$, et $\sqrt[6]{11,39} = 1,5$.

Log. $141 = 2149$, log. $\sqrt[3]{141} = 716$, et $\sqrt[3]{141} = 5,2$.

Quand les fractions décimales renferment 1, 2, 3, etc., fois autant de chiffres décimaux qu'il y a d'unités dans le degré de la racine, on opère sans avoir égard à la virgule, ensuite on la recule de 1, 2, 3, etc., rangs vers la gauche dans le résultat.

---

(1) Car le log. de la $\sqrt[4]{5,06}$ est le quart du log. de 5,06.

*Exemples.* $\sqrt[3]{0,003375}$ : on trouve $\sqrt[3]{3375}=15$; donc $\sqrt[3]{0,003375}=0,15$; de même $\sqrt[3]{0,000003375}$ $=0,015$.

S'il n'y a pas 1, 2, 3, etc., fois autant de chiffres décimaux que d'unités dans le degré de la racine, on les complète par des zéros mis à droite avant d'opérer comme ci-dessus.

*Exemple.* $\sqrt[3]{0,2}=\sqrt[3]{0,200}$.

On trouve log. 2=301; d'où il suit log. 200=2301, log. $\sqrt[3]{200}$=767 qui appartient au nombre 5,85; donc $\sqrt[3]{0,200}=\sqrt[3]{0,2}=0,585$.

### *Règles de trois directes et simples.*

15. 4 ouvriers ont fait 48 mètres d'ouvrage; combien 3 ouvriers en feront-ils?

$4 : 48 :: 3 : x = 36^m$ d'où $x=\frac{48\times 3}{4}=36^m$

| | | | |
|---|---|---|---|
| L. s. | $x=36$ | 48 | N° 7. |
| C. | 3 | 4 | |

Un voyageur a été 9 heures pour parcourir 51 kilomètres; combien en fera-t-il pendant 15 heures?

$9 : 51 :: 15 : x = 85$ kil. d'où $x=\frac{51\times 15}{9}=85$ kil.

| | | | |
|---|---|---|---|
| L. s. | 51 | $x=85$ | N° 7. |
| C. | 9 | 15 | |

Le transport de 153 caisses de marchandises a coûté 36 francs; combien doit-on pour celui de 68 caisses?

$153 : 36 :: 68 : x = 16$ f. d'où $x=\frac{36\times 68}{153}=16$ f.

| | | | |
|---|---|---|---|
| L. s. | 36 | $x=16$ | N° 7. |
| C. | 153 | 68 | |

*Règles de trois inverses et simples.*

16. 28 hommes ont employé 15 jours à construire un mur; combien 12 hommes auraient-ils mis de jours pour faire le même ouvrage?

$12 : 28 :: 15 : x = 35$ j.
d'où $x = \frac{28 \times 15}{12} = 35$ j.

| | | | |
|---|---|---|---|
| L. s. | 28 | $x = 35$ | N° 7. |
| Coul. | 12 | 15 | |

| | | |
|---|---|---|
| L. s. | 15 | $x = 35$ |
| C. r. | 28 | 12 |

En tirant 3 litres de vin chaque jour, une pièce a duré 35 jours; combien durerait-elle si l'on en tirait 5 litres par jour?

$5 : 3 :: 35 : x = 21$ j.
d'où $x = \frac{3 \times 35}{5} = 21$ j.

| | | | |
|---|---|---|---|
| L. s. | $x = 21$ | 3 | N° 7. |
| Coul. | 35 | 5 | |

| | | |
|---|---|---|
| L. s. | $x = 21$ | 35 |
| C. r. | 5 | 3 |

*Règles de trois composées.*

17. 22 ouvriers ont été 15 jours pour faire 121 mètres d'ouvrage; combien 35 ouvriers en feront-ils pendant 24 jours?

22 ouv. pend. 15 j. $= 22 \times 15 = 330$ ouv. pend. 1 j.
35 *id.* 24 *id.* $= 35 \times 24 = 840$ *id.*

Ce qui change le problème en celui-ci :

330 ouvriers ont fait 121 mètres d'ouvrage en

1 jour; combien 840 ouvriers en feront-ils pendant le même temps? et donne, n° 15 :

$330 : 121 :: 840 : x = 308$ m. Lig. s. 121 $x = 308$ / Coul. 330 840 } N° 7.
d'où $x = \frac{121 \times 840}{330} = 308$ m.

On a payé 36 fr. pour le transport de 153 caisses de marchandises à la distance de 48 kilomètres; combien doit-on pour celui de 68 caisses à 54 kilomètres?

{ 153 cais. à 48 kilom. = $153 \times 48 = 7344$ cais. portées à 1 kil. }
{ 68 *id.* 54 *id.* = $68 \times 54 = 3672$ *id.* }

Ce qui donne, comme ci-dessus :

$7344 : 36 :: 3672 : x = 18$ f. Lig. s. $x = 18$ 36 / Coul. 3672 7344 } N° 7.
d'où $x = \frac{36 \times 3672}{7344} = 18$ f.

### *Règles de Société simples et composées, et règles de répartitions.*

18. Trois associés ont mis en commerce, savoir :

| | |
|---|---|
| Le 1er . . . . . . . . . . | 14 fr. |
| Le 2e . . . . . . . . . . | 16 |
| Le 3e . . . . . . . . . . | 8 |
| Total. . . . . . . | 38 |

Quelle est la part de chacun sur la somme de 19 fr.?

38 : 19 :: 14 : part. 1[er] = 7 f.
38 : 19 :: 16 : part. 2[e] = 8
38 : 19 :: 8 : part. 3[e] = 4
Total ou preuve. . . 19

L. s. 19 3[e]=4 1[er]=7 2[e]=8 / Coul. 38 8 14 16 } N° 7.

Trois associés ont mis en commerce, savoir :

| | | | |
|---|---|---|---|
| Le 1^er^ | 14 fr. | pendant | 4 mois. |
| Le 2^e^ | 16 *id.* | | 2 *id.* |
| Le 3^e^ | 8 *id.* | | 8 *id.* |

Quelle est la part de chacun sur un gain de 19 fr.?

| | | |
|---|---|---|
| 14 f. pendant | 4 mois | $= 14 \times 4 = 56$ f. pendant 1 mois. |
| 16 *id.* | 2 *id.* | $= 16 \times 2 = 32$ *id.* |
| 8 *id.* | 8 *id.* | $= 8 \times 8 = 64$ *id.* |
| | Total. . . . | 152 |

152 : 19 :: 56 : part. 1^er^ = 7
:: 32 : part. 2^e^ = 4
:: 64 : part. 3^e^ = 8
Total ou preuve. . . 19

| | | | | | |
|---|---|---|---|---|---|
| L. s. | 19 | 2^e^ = 4 | 1^er^ = 7 | 3^e^ = 8 | N° 7. |
| C. | 152 | 32 | 56 | 64 | |

La contribution étant de 22 0/0 du revenu ; combien doit-on pour des propriétés qui rapportent 250 fr., 85 fr., etc.

$100 : 22 :: 250 : x :: 85 : y ::$ etc.

| | | | | |
|---|---|---|---|---|
| Lig. sup. | 22 | $x = 55$ fr. | $y = 18{,}7$ fr. | N° 7. |
| Coul. | 100 | 250 | 85 | |

*Observation.* Pour toutes les répartitions analogues, on pourrait avoir une *longue règle logarithmique* ou *à calculs*, placée vis-à-vis du répartiteur, qui lirait et écrirait la cote correspondante à chaque revenu, lorsqu'il aurait mis la *réglette* dans la position convenable, d'après ce qui est dû pour une somme déterminée.

### *Règles d'intérêts.*

19. A quel denier revient de l'argent prêté à 5 0/0.

$5 : 100 :: 1 : D = 20$ ; $D = \frac{100 \times 1}{5} = 20$ qui est le denier

| L. s. | 100 | D = 20 | N° 7. |
|---|---|---|---|
| C. | 5 | 1 | |

A combien 0/0 revient de l'argent prêté au denier 20?

$20 : 100 :: 1 : x = 5$ 0/0
d'où $x = \frac{100 \times 1}{20} = 5$ 0/0

| L. s. | 100 | $x = 5$ | N° 7. |
|---|---|---|---|
| C. | 20 | 1 | |

L'intérêt étant à 6 0/0 par an; quel est le taux 0/0 pendant 8 mois?

1 an = 12 mois : $8 :: 6 : x = 4$
d'où $x = \frac{8 \times 6}{12} = 4$

| L. s. | 8 | $x = 4$ | N° 7. |
|---|---|---|---|
| C. | 12 | 6 | |

A quel denier faut-il prêter de l'argent pendant 5 mois, pour le faire valoir annuellement au denier 20?

$5 : 12 :: 20 : D = 48$
d'où $D = \frac{12 \times 20}{5} = 48$

| L. s. | 12 | D = 48 | N° 7. |
|---|---|---|---|
| C. | 5 | 20 | |

Quel est l'intérêt annuel de 350 fr. à 6 0/0 par an?

$100 : 6 :: 350 : x = 21$ fr.
d'où $x = \frac{6 \times 350}{100} = 21$ fr.

| L. s. | 6 | $x = 21$ | N° 7. |
|---|---|---|---|
| C. | 100 | 350 | |

Quel est l'intérêt de 350 fr. pendant 8 mois, à 6 0/0 par an? 6 0/0 par an revient à 4 0/0 pendant 8 mois; ce qui donne

$100 : 4 :: 350 : x = 14$ f.
d'où $x = \frac{4 \times 350}{100} = 14$ f.

| L. s. | 4 | $x = 14$ | N° 7. |
|---|---|---|---|
| C. | 100 | 350 | |

Quel est l'intérêt annuel de 240 fr. prêtés au denier 20 par an?

$20 : 1 :: 240 : x = 12$ fr. L. s. 1 $x = 12$
d'où $x = \frac{1 \times 240}{20} = 12$ fr. C. 20 240 } N° 7.

Quel est l'intérêt, pendant 5 mois, de 240 fr. prêtés au denier 20 par an? Le denier 20 par an revient au denier 48 pendant 5 mois, ce qui donne

$48 : 1 :: 240 : x = 5$ fr. L. s. 1 $x = 5$
d'où $x = \frac{1 \times 240}{48} = 5$ fr. C. 48 240 } N° 7.

A combien 0/0 place-t-on son argent, en achetant 5 fr. de rente pour 80 fr?

$80 : 5 :: 100 : x = 6{,}25$ fr. 0/0 L. s. 5 $x = 6{,}25$
d'où $x = \frac{5 \times 100}{80} = 6{,}25$ fr. 0/0 C. 80 100 } N° 7.

A quel denier place-t-on son argent en achetant 5 fr. de rente pour 80 fr.?

$5 : 80 :: 1 : D = 16$ L. s. 80 $D = 16$
$D = \frac{80 \times 1}{5} = 16$ qui est le denier? C. 5 1 } N° 7.

A quel prix faut-il acheter 5 fr. de rente pour placer son argent à 6,25 fr. 0/0?

$6{,}25 : 100 :: 5 : x = 80$ fr. L. s. 100 $x = 80$
d'où $x = \frac{100 \times 5}{6{,}25} = 80$ fr. C. 6,25 5 } N° 7.

A quel prix faut-il acheter 5 fr. de rente pour placer son argent au denier 16?

$1 : 16 :: 5 : x = 80$ fr. L. s. 16 $x = 80$
d'où $x = \frac{16 \times 5}{1} = 80$ fr. C. 1 5 } N° 7.

A combien s'élèveront, après 2 ans, 625 fr. prêtés à

6 0/0 par an? Après 2 ans, l'intérêt de 100 fr. sera 2 fois 6=12 fr.; ce qui donne

| | | | |
|---|---|---|---|
| $100 : 12 :: 625 : x = 75$ fr. | L. s. | $12 \qquad x=75$ | N° 7. |
| d'où $x = \frac{12\times 625}{100} = 75$ fr. | C. | $100 \qquad 625$ | |

625 fr.+75=700 fr. = valeur de 625 fr. avec 2 ans de ses intérêts à 6 0/0 par an.

Quel est le capital qui, avec deux ans de ses intérêts à 6 0/0 par an, donne 700 fr?

Puisque 100 fr. produisent 12 fr. d'intérêt pendant 2 ans, il s'ensuit que sur chaque 112 fr. de la somme ci-dessus, il y a 12 fr. d'intérêt; ce qui donne

| | | | |
|---|---|---|---|
| $112 : 12 :: 700 : x = 75$ fr. | L. s. | $12 \qquad x=75$ | N° 7. |
| $x = \frac{12\times 700}{112} = 75$ fr. d'intérêt. | C. | $112 \qquad 700$ | |

D'où l'on tire 700—75=625 fr. pour le capital demandé.

*Remarque*. On aurait pu obtenir directement les solutions 700 fr. et 625 fr. des deux derniers problèmes, par les proportions

| | | | |
|---|---|---|---|
| $100 : 112 :: 625 : x = 700$ fr. | L. s. | $112 \qquad x=700$ | N° 7. |
| d'où $x = \frac{112\times 625}{100} = 700$ fr. | C. | $100 \qquad 625$ | |

| | | | |
|---|---|---|---|
| $112 : 100 :: 700 : x = 625$ fr. | L. s. | $100 \qquad x=625$ | N° 7. |
| d'où $x = \frac{100\times 700}{112} = 625$ fr. | C. | $112 \qquad 700$ | |

Mais la grandeur des nombres 700 fr. et 625 fr. est telle que $\frac{1}{300}$ d'erreur occasionnerait plus de 2 fr. de différence sur chaque résultat, au lieu que la même erreur de $\frac{1}{300}$ influerait seulement de 0,25 fr.

sur 75 fr. On en peut dire autant de tous les cas analogues.

## RÈGLES D'ESCOMPTE.

20. L'escompte étant à 0,5 0/0 par mois, quelle sera sa valeur pour 72 jours?

$30 : 0,5 :: 72 : x = 1,2$ fr. d'où $x = \frac{0,5 \times 72}{30} = 1,2$ fr.

| | | | |
|---|---|---|---|
| L. s. | 0,5 | $x = 1,2$ | N° 7. |
| Coul. | 30 | 72 | |

L'escompte étant à 0,5 0/0 par mois, quel sera celui des sommes 1407 fr.? 2211 fr. pendant le même temps?

Si c'est l'escompte en dedans :

$100,5 : 0,5 :: 1407 : x = 7$ fr.
$:: 2211 : x = 11$

| | | | | |
|---|---|---|---|---|
| L. s. | 0,5 | $x = 7$ | $x = 11$ | N° 7. |
| Coul. | 100,5 | 1407 | 2211 | |

Si c'est l'escompte en dehors :

$100 : 0,5 :: 1407 : x = 7,035$ fr.
$:: 2211 : x = 11,055$

| | | | | |
|---|---|---|---|---|
| L. s. | 0,5 | $x = 7,035$ | $x = 11,055$ | N° 7. |
| C. | 100 | 1407 | 2211 | |

L'escompte étant à 0,5 fr. 0/0 par mois, quel sera celui des sommes 1407 fr.? 2211 fr., pendant 72 jours?

0,5 fr. 0/0 par mois revient à 1,2 fr. 0/0 pendant 72 jours.

Si c'est l'escompte en dedans :

$101,2 : 1,2 :: 1407 : x = 16,68$ fr.
$:: 2211 : x = 26,22$

| | | | | |
|---|---|---|---|---|
| L. s. | 1,2 | $x = 16,68$ | $x = 26,22$ | N° 7. |
| C. | 101,2 | 1407 | 2211 | |

Si c'est l'escompte en dehors :

100:1,2 :: 1407 : $x$ = 16,88 fr. { L. s. 1,2 $x$=16,88 $x$=26,53 } N° 7.
:: 2211 : $x$ = 26,53 { C. 100 1407 2211 }

*Explication et usage de la* Table II *des* équivalents chimiques *des corps simples.*

21. Les *équivalents chimiques* des corps simples, *Table* II, représentent les poids de ces différentes substances, qui se combinent entre elles, pour former les composés que l'on regarde comme étant le résultat d'un *équivalent* de chacune.

On a représenté par 100 l'*équivalent* de l'oxygène.

L'*équivalent* d'un corps composé est la somme de *tous les équivalents* des corps simples qu'il renferme.

Ainsi l'*équivalent* de l'eau, que l'on exprime par HO, est 12,50+100=112,50.

Par abréviation, on indique l'*équivalent* de chaque corps simple par l'initiale de son nom français ou latin, que l'on accompagne quelquefois d'une autre lettre du même nom, pour le distinguer des différentes substances qui ont la même initiale.

Pour ne pas surcharger inutilement la mémoire, je n'ai employé que les noms français des corps simples.

2H ou $H^2$,3H ou $H^3$, etc., indiquent 2,3, etc., *équivalents* d'hydrogène.

2HO ou $H^2O^2$ ou $(HO)^2$,3HO ou $H^3O^3$ ou $(HO)^3$, etc., indiquent 2,3, etc, *équivalents* d'eau.

$HO^2$, qui revient à $H+O^2$ ou à H+2O, représente

*un équivalent* de bi-oxyde d'ydrogène (eau oxygénée), qui est composé d'*un équivalent* d'hydrogène et de *deux équivalents* d'oxygène.

$2HO^2$ ou $(HO^2)^2$ ou $H^2O^4$,$3HO^2$ ou $(HO^2)^3$ ou $H^3O^6$, etc., représentent *un*, *deux*, etc., *équivalents* de bi-oxyde d'hydrogène.

$SO^3$ indique *un équivalent* d'acide sulfurique anhydre.

$SO^3+HO$, $SO^3+2HO$, etc., indiquent *un équivalent* d'acide sulfurique monohydraté, bihydraté, etc.

$2SO^3,HO$ revient à $2(SO^3,HO)$, et indique *deux équivalents* d'acide sulfurique monohydraté.

$2SO^3,2HO$ revient à $2(SO^3,2HO)$, et indique *deux équivalents* d'acide sulfurique bihydraté.

$SO^3,P_bO$ représente *un équivalent* de sulfate neutre de protoxyde de plomb, qui est formé d'*un équivalent* $SO^3$ d'acide sulfurique et d'*un équivalent* $P_bO$ de protoxyde de plomb.

$SO^3,F_eO+7HO$ représente *un équivalent* de sulfate neutre de protoxyde de fer cristallisé, qui contient *sept équivalents* d'eau.

Etc.

*Règles générales.* 1° Chaque *exposant* indique le nombre de fois que l'*équivalent* simple ou composé auquel il se rapporte est répété;

2° Chaque *coefficient* indique le nombre de fois que l'on répète tout ce qui le suit jusqu'au premier signe + ;

3° La virgule signifie que l'on regarde le composé, comme étant formé par la réunion de la partie qui la précède avec celle qui la suit.

1er *Exemple.* On demande les poids d'hydrogène et d'oxygène, qui forment 9 grammes d'eau.

On a généralement

**HO : poids eau :: H : poids hydrogène :: O : poids oxygène,**

Qui devient, dans l'exemple ci-dessus,

**112,50 : 9 gr. :: 12,50 : poids hydrogène :: 100 : poids oxygène.**

| | | | | | |
|---|---|---|---|---|---|
| **Lig. sup.** | **p. ox. = 8** | **9** | **p. hydr. = 1** | | **N° 7.** |
| **Coul.** | **100** | **112,50** | **12,50** | | |

2^e^ *Exemple.* De l'acide sulfurique anhydre contient 4 grammes d'oxygène ; on demande le poids du soufre et de l'acide.

On a généralement

**$SO^3$ : poids acide anhydre :: S : poids soufre :: $O^3$ : poids oxygène,**

Qui devient, dans l'exemple ci-dessus,

**501,16 : poids acide anhydre :: 201,16 : poids soufre :: 300 : 4 gr.**

| | | | | |
|---|---|---|---|---|
| **Lig. sup.** | **p. s. = 2,68** | **4** | **p. ac. an. = 6,68** | **N° 7.** |
| **Coul.** | **201,16** | **300** | **501,16** | |

3^e^ *Exemple.* On demande les poids de soufre, d'oxygène et d'eau, qui entrent dans 7 grammes d'acide sulfurique monohydraté.

On a généralement

**$SO^3+HO$ : p. ac. mon. :: S : p. s. :: $O^3$ : p. ox. :: HO : p. eau.**

Qui devient, dans l'exemple ci-dessus,

**613,66 : 7 gr. :: 201,16 : p. s. :: 300 : p. ox. :: 112,50 : p. eau.**

| | | | | | |
|---|---|---|---|---|---|
| **Lig. sup.** | **p. e. = 1,283** | **p. s. = 2,295** | **p. ox. = 3,422** | **7** | **N° 7.** |
| **Coul.** | **112,50** | **201,16** | **300** | **613,66** | |

Sans s'occuper de la manière dont cet acide est formé, si l'on demande les poids des corps simples qui le composent.

On a généralement

$SO^3+HO$ : p. ac. mon. :: S : p. s. :: H : p. hydr. :: $O^4$ : p. ox.,

Qui devient, dans l'exemple ci-dessus,

613,66 : 7 gr. :: 201,16 : p. s. :: 12,50 : p. hydr. :: 400 : p. ox.

| | | | | | |
|---|---|---|---|---|---|
| Lig. sup. | p. h. = 0,1426 | p. s. = 2,295 | p. ox. = 4,563 | 7 | N° 7. |
| Coul. | 12,50 | 201,16 | 400 | 613,66 | |

4ᵉ *Exemple.* Quels sont les poids d'acide et de base qui forment 25 grammes de sulfate neutre de protoxyde de plomb anhydre.

On a généralement

$SO^3$, PbO : poids sel anhydre :: $SO^3$ : poids ac. :: PbO : p. base,

Qui devient, dans l'exemple ci-dessus,

1895,66 : 25 gr. :: 501,16 : poids ac. :: 1394,50 : p. base,

| | | | | |
|---|---|---|---|---|
| Lig. sup. | p. b. = 18.39 | 25 | p. ac. = 6,61 | N° 7. |
| Coul. | 1394,50 | 1895,66 | 501,16 | |

Sans s'occuper de la manière dont ce sel est formé, si l'on demande les poids des corps simples qui le composent.

On a généralement

$SO^3$,PbO : p. sel anh. :: S : p. s. :: Pb : p. pl. :: $O^4$ : p. ox.

Qui devient, dans l'exemple ci-dessus,

1895,66 : 25 gr. :: 201,16 : p. s. :: 1294,50 : p. pl. :: 400 : p. ox.

| Lig. sup. | p. pl.=17,07 | 25 | p. s.=2,65 | p.ox.=5,28 | No 7. |
|---|---|---|---|---|---|
| Coul. | 1294,50 | 1895,66 | 201,16 | 400 | |

5e *Exemple.* On demande les poids d'acide, de base et d'eau, qui forment 25 grammes de sulfate neutre de protoxyde de fer cristallisé, qui contient 7 équivalents d'eau.

On a généralement

$SO^3,F_eO+7HO$ : p. sel :: $SO^3$ : p. ac. :: $F_eO$ : p. base :: 7HO : p. eau,

Qui devient, dans l'exemple ci-dessus,

1738,66 : 25 gr. :: 501,16 : p. ac. :: 450 : p. base :: 787,50 : p. eau,

| Lig. sup. | 25 | p. b.=6,47 | p. ac.=7,21 | p. e.=11,32 | No 7. |
|---|---|---|---|---|---|
| Coul. | 1738,66 | 450 | 501,16 | 787,50 | |

Sans s'occuper de la manière dont ce sel est formé, si l'on demande les poids des corps simples qui le composent.

On a généralement

$SO^3,F_eO+7HO$ : p. sel. :: S : p. s. :: $F_e$ : p. f. :: $H^7$ : p. h. :: $O^{11}$ : p. ox.

qui devient, dans l'exemple précédent,

1738,66 : 25 gr. :: 201,16 : p. s. :: 350 : p. f. :: 87,50 : p. h. :: 1100 : p. ox.

| L. sup. | p.ox.=15,82 | 25 | p.s.=2,89 | p.f.=5,03 | p.h.=1,258 | No 7. |
|---|---|---|---|---|---|---|
| Coul. | 1100 | 1738,66 | 201,16 | 350 | 87,50 | |

6e *Exemple.* On demande les poids d'acide et de base, qui forment 25 grammes de bi-antimoniate de potasse anhydre.

On a généralement

$(A_nO^5)^2, P_oO$ : poids sel :: $2A_nO^5$ : p. ac. :: $P_oO$ : p. base,

Qui devient, dans l'exemple ci-dessus,

4815,72 : 25 gr. :: 4225,80 : p. ac. :: 589,92 : p. base,

| | | | | |
|---|---|---|---|---|
| Lig. sup. | p. ac. = 21,94 | 25 | p. b. = 3,06 | N° 7. |
| Coul. | 4225,80 | 4815,72 | 589,92 | |

Sans s'occuper de la manière dont ce sel est formé, si l'on demande les poids des corps simples qui le composent.

On a généralement

$(A_nO^5)^2, P_oO$ : p. sel anh. :: $A^2_n$ : p. ant. :: $P_o$ : p. potassium :: $O^{11}$ : p. ox.

Qui devient, dans l'exemple ci-dessus,

4815,72 : 25 gr. :: 3225,80 : p. ant. :: 489,92 : p. pot. :: 1100 : p. ox.

| | | | | | |
|---|---|---|---|---|---|
| Lig. sup. | p. a. = 16,75 | 25 | p. p. = 2,54 | p. ox. = 5,71 | N° 7. |
| Coul. | 3225,80 | 4815,72 | 489,92 | 1100 | |

7ᵉ *Exemple*. On demande les poids d'acide, de base et d'eau, qui forment 25 grammes de sulfate de sesquioxyde de fer bi-basique contenant trois équivalents d'eau.

On a généralement

$SO^3, 2F_eO^{1\frac{1}{2}} + 3HO$ : p. sel. :: $SO^3$ : p. ac. :: $2F_eO^{1\frac{1}{2}}$ : p. b. :: $3HO$ : p. eau,

Qui devient, dans l'exemple ci-dessus.

1838,66 : 25 gr. :: 501,16 : p. ac. :: 1000 : p. b. :: 337,50 : p. eau,

| | | | | | |
|---|---|---|---|---|---|
| Lig. sup. | p. b. = 13,60 | 25 | p. e. = 4,59 | p. ac. = 6,81 | N° 7. |
| Coul. | 1000 | 1838,66 | 337,50 | 501,16 | |

Sans s'occuper de la manière dont ce sel est formé, si l'on demande les poids des corps simples qui le composent.

On a généralement

$SO^3,2F_eO^{12}+3HO$ : p.sel : : S : p.s. : : $2F_e$ : p.f. : : 3H : p. hydr. : : $O^9$ : p.ox.

Qui devient, dans l'exemple ci-dessus,

1838,66 : 25gr. : : 201,16 : p.s. : : 700 : p. f. : : 37,50 : p. h. : : 900 : p. ox.

| Lig.sup. | 25 | p.s.=2,73 | p.h.=0,51 | p.f.=9,52 | p.ox.=12,24 | N° 7. |
|---|---|---|---|---|---|---|
| Coul. | 1838,66 | 201,16 | 37,50 | 700 | 900 | |

8e *Exemple.* On a mis 25 grammes de zinc dans un excès d'eau ; on demande :

1° Le poids d'acide sulfurique monohydraté qui transformera tout le métal en sulfate neutre de protoxyde de zinc ;

2° Le poids du sel anhydre formé ;

3° Le poids du sel cristallisé ou qui contient 5 équivalents d'eau ;

4° Le poids de l'hydrogène dégagé.

On a généralement

Z : p.z. : : $SO^3+HO$ : p. ac. m. : : $SO^3,ZO$ : p. sel an. : : $SO^3,ZO+5HO$ : p. sel cr. : : H : p. h.

Qui devient, dans l'exemple ci-dessus,

406,59 : 25gr. : : 613,66 : p.ac.m. : : 1007,75 : p.sel anh. : : 1570,25 : p. sel cr. : : 12,50 : p.h.

| Lig. sup. | 25 | p.a.m.=37,7 | p.sel an.=62 | p.h.=0,769 | p.sel cr.=96,5 | N° 7. |
|---|---|---|---|---|---|---|
| Coul. | 406,59 | 613,66 | 1007,75 | 12,50 | 1570,25 | |

## DES SURFACES.

### *Surfaces des parallélogrammes des triangles et des polygones.*

22. La surface d'un parallélogramme est égale au produit de sa base par sa hauteur.

On demande la surface d'un parallélogramme qui a 9 mètres de base et 8 mètres de hauteur.

| Surface $=9\times8=72$ mètres. | Lig. sup.<br>Coul. | 9<br>1 | S=72<br>8 | N° 4. |
|---|---|---|---|---|

On demande la surface d'un triangle qui a 9 mètres de base et 8 mètres de hauteur.

Il faut prendre la moitié du produit des deux dimensions.

| Surf. $=\frac{9\times8}{2}=36$ mètres. | Lig. sup.<br>Coul. | 9<br>2 | S=36<br>8 | N° 7. |
|---|---|---|---|---|

On obtient la surface d'un polygone en ajoutant celles des triangles qui le composent, après les avoir déterminées séparément.

Pour un trapèze, on peut multiplier la demi-somme de ses bases par sa hauteur.

Quant à un polygone régulier, on en trouve plus

simplement la surface en divisant le carré de son côté par l'*indicateur* convenable. *Table* IV (1).

On appelle *indicateur* le nombre par lequel il faut diviser un *produit* pour obtenir un *résultat*.

On demande la surface de l'hexagone régulier qui a 4 mètres de côté.

$$\text{Surf.} = \frac{4 \times 4}{0,3849} = 41^{m},57 \left\{ \begin{array}{ll} \text{Lig. sup.} & \frac{4 \qquad S = 41,57}{0,3849 \qquad 4} \\ \text{Coul.} & \end{array} \right\} \text{N}^{o}\ 7.$$

En retournant bout pour bout la coulisse, on trouve de même.

$$\text{Surf.} = \frac{4 \times 4}{0,3849} = 41^{m},57 \left\{ \begin{array}{llll} \text{Lig. sup.} & & 4 & S = 41,57 \\ \text{Coul. ret.} & 1 & 4 & 0,3849 \\ \text{L. inf.} & 4 & & \end{array} \right\} \text{N}^{o}\ 7.$$

Cette dernière solution montre qu'en retournant bout pour bout la coulisse, et amenant l'*indicateur* 0,3849, pris sur sa première échelle, sous la surface $41^{m},57$ du polygone régulier, comptée sur la seconde échelle de la règle, le côté est donné par le nombre 4, qui se trouve sous le *un* convenable de la coulisse, n° 9.

---

(1) On calcule la *Table IV*, en observant que la surface d'un polygone régulier $= \dfrac{\text{périmètre} \times \text{apothème}}{2} = \dfrac{n \times \text{côté} \times \text{apoth.}}{2} =$ $= \dfrac{\overline{\text{côté}}^{2}}{\dfrac{2 \times \text{côté}}{n \times \text{apoth.}}}$ ($n$ représentant le nombre de côtés) ; ce qui donne

$$\text{l'}\textit{indicateur} = \frac{2 \times \text{côté}}{n \times \text{apoth.}} = \frac{2 \times 2 \sin \frac{360^{\circ}}{2n}}{n \times \cos \frac{360^{\circ}}{2n}}.$$

*Remarque.* La seconde manière d'opérer donnant la solution et celle du problème inverse, on la suivra seule, n° 23, pour les questions relatives aux surfaces de la sphère, du cercle et de ses carrés inscrit et circonscrit, mais sans répéter les réflexions qui la suivent.

*Surfaces des ellipses, des cercles et de leurs carrés inscrits et circonscrits, des cylindres et des cônes droits, des troncs de cônes droits et des sphères.*

La *Table III* contient tous les *indicateurs* du n° 23.

23. On demande la surface de l'ellipse dont le grand axe a 7 mètres et le petit 6 mètres.

$$\text{Surf.} = \frac{7 \times 6}{1{,}273} = 33 \text{ mètres.} \quad \left\{ \begin{array}{l} \text{Lig. sup.} \\ \text{Coul.} \end{array} \quad \begin{array}{cc} 7 & S = 33 \\ \hline 1{,}273 & 6 \\ \hline \end{array} \right\} \text{N° 7.}$$

On demande la surface du cercle dont le diamètre a 7 mètres.

$$\text{Surf.} = \frac{7 \times 7}{1{,}273} = 38^m{,}5 \quad \left\{ \begin{array}{l} \text{Lig. sup.} \\ \text{Coul. ret.} \\ \text{Lig. inf.} \end{array} \quad \begin{array}{ccc} S = 38{,}5 & & 7 \\ \hline 1{,}273 & 1 & 7 \\ \hline & & 7 \end{array} \right\} \text{N° 22.}$$

On demande la surface du cercle dont la circonférence a 7 mètres (1).

---

(1) En représentant par $\pi$ le rapport 3,1415926 de la circonférence au diamètre, par D et $d$ les axes de l'ellipse, sa surface est égale à $\frac{\pi}{4} \times D \times d = \frac{D \times d}{\frac{4}{\pi}} = \frac{D \times d}{1{,}273}$.

Lorsque $D = d$, l'ellipse devient le cercle dont le diamètre est D, et sa surface $= \frac{\pi}{4} \times D^2 = \frac{D^2}{\frac{4}{\pi}} = \frac{D^2}{1{,}273}$ ou $= \frac{\pi}{4} \times \left(\frac{C}{\pi}\right)^2 = \frac{C^2}{4\pi} = \frac{C^2}{12{,}57}$, C étant la circonférence qui a le diamètre D.

Surf. $= \frac{7 \times 7}{12,57} = 3^m,9$

| | | | | |
|---|---|---|---|---|
| Lig. sup. | S = 3,9 | | 7 | N° 22. |
| Coul. ret. | 12,57 | 1 | 7 | |
| Lig. inf. | | | 7 | |

On demande la surface du carré inscrit dans le cercle qui a 8 mètres de diamètre.

Carré inscr. $= \frac{8 \times 8}{2} = 32$ m.

| | | | | |
|---|---|---|---|---|
| Lig. sup. | S = 32 | | 8 | N° 22. |
| Coul. ret. | 2 | 1 | 8 | |
| Lig. inf. | | | 8 | |

Le côté du carré circonscrit au même cercle étant égal au diamètre, sa

Surf. $= 8 \times 8 = 64$ mètres.

| | | | | |
|---|---|---|---|---|
| Lig. sup. | S = 64 | | 8 | N° 22. |
| C. ret. | | 1 | 8 | |
| Lig. inf. | | 8 | | |

On demande la surface du carré inscrit dans la circonférence qui a 8 mètres de longueur (1).

Carré inscr. $= \frac{8 \times 8}{19,74} = 3^m,24$

| | | | | |
|---|---|---|---|---|
| Lig. sup. | S = 3,24 | | 8 | N° 22. |
| Coul. ret. | 19,74 | 1 | 8 | |
| Lig. inf. | | 8 | | |

---

(1) En menant deux diamètres perpendiculaires entre eux dans un cercle, et en joignant leurs extrémités, chacune de ces dernières droites est le côté du carré inscrit et en même temps l'hypoténuse d'un triangle rectangle dont les deux autres côtés sont des rayons; ce qui donne le côté du carré inscrit $= \sqrt{\left(\frac{D}{2}\right)^2 + \left(\frac{D}{2}\right)^2} = \sqrt{\frac{D^2}{2}}$, et par suite la surface de ce carré $= \sqrt{\frac{D^2}{2}} \times \sqrt{\frac{D^2}{2}} = \frac{D^2}{2}$ ou $= \frac{\left(\frac{C}{\pi}\right)^2}{2} = \frac{C^2}{2\pi^2} = \frac{C^2}{19,74}$.

On demande la surface du carré circonscrit au même cercle (1).

Carré circ. $= \frac{8 \times 8}{9,87} = 6^{m},48$

| | | | | |
|---|---|---|---|---|
| Lig. sup. | | S = 6,48 | 8 | N° 22. |
| Coul. ret. | 1 | 9,87 | 8 | |
| Lig. inf. | 8 | | | |

On demande la surface convexe de la colonne cylindrique qui a trois décimètres de diamètre et 45 décimètres de hauteur.

Surf. conv. $= \frac{3 \times 45}{0,3183} = 424$ déc.

| | | | |
|---|---|---|---|
| Lig. sup. | 3 | S = 424 | N° 7. |
| Coul. | 0,3183 | 45 | |

En y ajoutant le double 14,14 décimètres de la surface $\frac{3 \times 3}{1,273} = 7,07$ décimètres de l'une des bases, on obtient 438,14 décimètres pour la surface totale du cylindre.

On demande la surface convexe de la colonne cylindrique qui a 7 décimètres de circonférence et 45 décimètres de hauteur (2).

Surf. conv. $= 7 \times 45 = 315$ mèt.

| | | | |
|---|---|---|---|
| Lig. sup. | 7 | S = 315 | N° 4. |
| Coul. | 1 | 45 | |

En y ajoutant le double 7,8 décimètres de la surface

(1) La surface du carré circonscrit $= D^2 = \left(\frac{C}{\pi}\right)^2 = \frac{C^2}{9,87}$.

(2) La surface convexe = circ. $D \times$ hauteur $= C \times H = \pi D \times H = \frac{D \times H}{\frac{1}{\pi}} = \frac{D \times H}{0,3183}$.

$\frac{7 \times 7}{12,57} = 3,9$ décimètres de l'une des bases, on obtien 322,8 décimètres pour la surface totale du cylindre.

On demande la surface convexe du cône droit don le diamètre de la base a 3 décimètres et le côté 8 déci mètres.

Surf. conv. $= \frac{3 \times 8}{0,6366} = 37^{\text{déc.}},7$ $\left\{\begin{array}{l}\text{Lig. sup.} \quad 3 \quad S = 37,7 \\ \text{Coul.} \quad 0,6366 \quad 8\end{array}\right\}$ No 7.

En y ajoutant la surface $\frac{3 \times 3}{1,273} = 7,07$ décimètres d la base, on obtient 44,77 décimètres pour la surfac totale du cône.

On demande la surface convexe du cône droit don la circonférence de la base a 7 décimètres et le côt 8 décimètres (1).

Surf. conv. $= \frac{7 \times 8}{2} = 28$ déc. $\left\{\begin{array}{l}\text{Lig. sup.} \quad 7 \quad S = 28 \\ \text{Coul.} \quad 2 \quad 8\end{array}\right\}$ No 7.

En y ajoutant la surface $\frac{7 \times 7}{12,57} = 3,9$ décimètres d la base, on obtient 31,9 décimètres pour la surfac totale du cône.

On demande la surface convexe du tronc de côn droit dont le diamètre de l'une des bases a 4 décimètres l'autre 2 décimètres et le côté 8 décimètres.

---

(1) La surface convexe $= \frac{\text{circ. D} \times \text{longueur}}{2} = \frac{C \times L}{2}$ o $= \frac{\pi \times D \times L}{2} = \frac{D \times L}{\frac{2}{\pi}} = \frac{D \times L}{0,6366}$.

$$\text{Surf. conv.} = \frac{(4+2)\times 8}{0,6366} = 75^{\text{déc.}},4 \quad \left\{\begin{array}{lll}\text{Lig. sup.} & 6 & S=75,4 \\ \text{Coul.} & 0,6366 & 8\end{array}\right\} \text{N° 7.}$$

On arrive au même résultat en divisant par 0,3183 le produit du diamètre du milieu du tronc (qui est la demi-somme des diamètres des bases) par le côté; ce qui donne

$$\text{Surf. conv.} = \frac{\left(\frac{4+2}{2}\right)\times 8}{0,3183} = 75^{\text{déc.}},4 \quad \left\{\begin{array}{lll}\text{Lig. sup.} & 3 & S=75,4 \\ \text{Coul.} & 0,3183 & 8\end{array}\right\} \text{N° 7.}$$

En y ajoutant les surfaces $\frac{4\times 4}{1,273} = 12,57$ décimètres et $\frac{2\times 2}{1,273} = 3,14$ décimètres des deux bases, on obtient 91,11 décimètres pour la surface totale du tronc de cône droit.

On demande la surface convexe du tronc de cône droit dont la circonférence de l'une des bases a 9 décimètres, l'autre 5 décimètres et le côté 8 décimètres (1).

$$\text{Surf. conv.} = \frac{(9+5)\times 8}{2} = 56 \text{ déc.} \quad \left\{\begin{array}{lll}\text{Lig. sup.} & 14 & S=56 \\ \text{Coul.} & 2 & 8\end{array}\right\} \text{N° 7.}$$

(1) La surface convexe $= \frac{(\text{circ.D} + \text{circ.}d)\times \text{longueur}}{2} = \frac{(C+c)\times L}{2} = \left(\frac{C+c}{2}\right)\times L$ ou $= \frac{(\pi D + \pi d)\times L}{2} = \frac{(D+d)\times L}{\frac{2}{\pi}} = \frac{(D+d)\times L}{0,6366} = \frac{\left(\frac{D+d}{2}\right)\times L}{0,3183}$.

On arrive au même résultat en multipliant la circonférence du milieu du tronc (qui est la demi-somme des circonférences des bases) par le côté ; ce qui donne

Surf. conv. $= \left(\frac{9+5}{2}\right) \times 8 = 56$ déc.

| | | | |
|---|---|---|---|
| Lig. sup. | 7 | S = 56 | No 4. |
| Coul. | 1 | 8 | |

En y ajoutant les surfaces $\frac{9 \times 9}{12,57} = 6,44$ décimètres et $\frac{5 \times 5}{12,57} = 1,99$ décimètre des deux bases, on obtient 64,43 décimètres pour la surface totale du tronc de cône droit.

On demande la surface de la sphère dont le diamètre a 3 décimètres.

Surf. sph. $= \frac{3 \times 3}{0,3183} = 28^{déc.},28$

| | | | | |
|---|---|---|---|---|
| Lig. sup. | | S = 28,28 | 3 | No 22. |
| C. ret. | 1 | 0,3183 | 3 | |
| Lig. inf. | 3 | | | |

On demande la surface de la sphère dont la circonférence a 7 décimètres (1).

Surf. sph. $= \frac{7 \times 7}{3,142} = 15^{déc.},60$

| | | | | |
|---|---|---|---|---|
| Lig. sup. | S = 15,60 | | 7 | No 22. |
| Coul. ret. | 3,142 | 1 | 7 | |
| Lig. inf. | | | 7 | |

(1) La surface de la sphère $=$ circ. $D \times D = \pi \times D \times D = \frac{D^2}{\frac{1}{\pi}} = \frac{D^2}{0,3183}$ ou $= C \times \frac{C}{\pi} = \frac{C^2}{\pi} = \frac{C^2}{3,142}$.

## DES VOLUMES OU CAPACITÉS.

### *Volumes ou capacités des prismes et des pyramides à bases régulières ou non, des troncs de pyramides et des corps terminés par des faces planes.*

24. Le volume d'un prisme est égal au produit de sa base par sa hauteur.

On demande le volume d'un prisme dont la surface de la base a 6 mètres et la hauteur 7 mètres.

Vol. $= 6 \times 7 = 42$ mètres.

| | | | |
|---|---|---|---|
| Lig. sup. | 6 | V = 42 | N° 4. |
| Coul. | 1 | 7 | |

Le volume d'un prisme creux est l'excès du volume du prisme plein sur celui de la partie creuse.

Le volume d'une pyramide est équivalent au tiers de celui d'un prisme qui aurait la même base et la même hauteur.

On demande le volume d'une pyramide dont la surface de la base a 6 mètres et la hauteur 7 mètres.

Vol. $= \frac{6 \times 7}{3} = 14$ mètres.

| | | | |
|---|---|---|---|
| Lig. sup. | 6 | V = 14 | N° 7. |
| Coul. | 3 | 7 | |

Le volume d'un tronc de pyramide équivaut à ceux de trois pyramides de même hauteur que lui, et qui ont pour bases, l'une la base inférieure du tronc, une autre sa base supérieure, et la dernière la moyenne proportionnelle par quotient entre ses deux bases.

Quel est le volume d'un tronc de pyramide qui a 6 décimètres de hauteur, dont une base a 8 décimètres de superficie et l'autre 2 décimètres.

La moyenne proportionnelle par quotient $x$ entre 8 et 2 est donnée par la proportion

$8 : x :: x : 2$, n° 9.

d'où $x = \sqrt{8 \times 2} = 4$

| | | | |
|---|---|---|---|
| Lig. sup. | | 8 | N° 9. |
| Coul. ret. | 1 | 2 | |
| Lig. inf. | $x = 4$ | | |

Vol. 1re pyr. $= \frac{8 \times 6}{3} = 16$ décimètres.

Vol. 2e pyr. $= \frac{2 \times 6}{3} = 4$

| | | | | | |
|---|---|---|---|---|---|
| L. sup. | 2e=4 | 6 | 3e=8 | 1re=16 | N° 7. |
| Coul. | 2 | 3 | 4 | 8 | |

Vol. 3e pyr. $= \frac{4 \times 6}{3} = 8$.

Vol. tronc pyr. $= 28$.

On obtient le même résultat en divisant par 3 le produit de la hauteur par la somme des trois bases.

Vol. tr. pyr. $= \frac{(8+2+4) \times 6}{3} = 28$ déc.

| | | | |
|---|---|---|---|
| Lig. sup. | V=28 | 6 | N° 7. |
| Coul. | 14 | 3 | |

On demande la capacité d'un bassin hexagonal qui a 3 mètres de profondeur, et dont chaque côté de la base régulière a intérieurement 2 mètres de longueur.

Cap. $= \frac{2^2 \times 3}{0{,}3849} = 31^m{,}2$, *Table IV*

| | | | |
|---|---|---|---|
| Lig. sup. | C=31,2 | | N° 10. |
| Coul. | 3 | 0,3849 | |
| Lig. inf. | | 2 | |

On demande le volume d'une pyramide à 6 faces qui a 3 mètres de hauteur, et dont chaque côté de la base régulière a 2 mètres de longueur.

$$\text{Vol.} = \frac{2^2 \times 3}{3 \times 0{,}3849} = 10^{m},4$$

| | | | |
|---|---|---|---|
| Lig. sup. | | V=10,4 | N° 10. |
| Coul. | 1,1547 | 3 | |
| Lig. inf. | 2 | | |

Pour les autres corps terminés par des faces planes, on les décompose en pyramides dont on détermine séparément les volumes pour les ajouter ensemble.

*Volumes ou capacités des cylindres, des cylindres équarris, des cônes, des cônes équarris, des tuyaux cylindriques, des cônes tronqués, des cônes tronqués équarris, des sphères et des sphères creuses.*

La *table III* contient tous les *indicateurs* du n° 25.

25. Un cylindre a 3 décimètres de diamètre et 6 décimètres de hauteur ; on demande son volume et celui qu'il aura après son équarrissage.

$$\text{Vol. cyl.} = \frac{3^2 \times 6}{1{,}273} = 42^{\text{déc.}},4$$

| | | | |
|---|---|---|---|
| Lig. sup. | | V=42,4 | N° 10. |
| Coul. | 1,273 | 6 | |
| Lig. inf. | 3 | | |

$$\text{Vol. cyl. éq.} = \frac{3^2 \times 6}{2} = 27$$

| | | |
|---|---|---|
| Lig. sup. | | $v = 27$ |
| Coul. | 2 | 6 |
| Lig. inf. | 3 | |

Un cylindre a 7 décimètres de circonférence et 24

décimètres de hauteur; on demande son volume et celui qu'il aura après son équarrissage (1).

| Vol.cyl. $=\frac{7^2\times 24}{12,57}=93^{déc.},56$ | Lig. sup. | | V=93,56 | No 10. |
|---|---|---|---|---|
| | Coul. | 12,57 | 24 | |
| | Lig. inf. | 7 | | |
| Vol.cyl.éq. $=\frac{7^2\times 24}{19,74}=59,57$ | Lig. sup. | | v=59,57 | |
| | Coul. | 19,74 | 24 | |
| | Lig. inf. | 7 | | |

Le volume d'un cône et celui du même cône équarri équivalent aux tiers de ceux d'un cylindre et du même cylindre équarri qui aurait la même base et la même hauteur que le cône.

Le cône équarri est la pyramide à base carrée inscrite dedans.

Le volume d'un tuyau cylindrique est l'excès du volume du cylindre plein sur celui de la partie creuse.

On évite la détermination des volumes des deux cylindres ci-dessus indiqués, en observant que le volume d'un cylindre creux peut être obtenu, comme celui d'un cylindre dans lequel on remplace le carré du diamètre par le produit de la somme des diamètres extérieur et intérieur du cylindre creux par leur différence.

---

(1) En représentant par D le diamètre d'un cylindre, par C sa circonférence et par H sa hauteur, son volume = surface de sa base × H

$$=\frac{\pi\times D^2}{4}\times H=\frac{D^2\times H}{\frac{4}{\pi}}=\frac{D^2\times H}{1,273} \text{ ou } =\frac{\pi\times\left(\frac{C}{\pi}\right)^2}{4}\times H=\frac{C^2\times H}{4\pi}=\frac{C^2\times H}{12,57}.$$

Le volume d'un cylindre équarri = carré inscrit dans sa base × H= $\frac{D^2\times H}{2}$ ou $=\frac{C^2\times H}{2\pi^2}=\frac{C^2\times H}{19,74}$. (*Voyez* le 2e renvoi du no 23.)

On peut en dire autant pour les circonférences extérieure et intérieure (1).

Quel est le volume du tuyau dont le diamètre de la surface extérieure a 4 décimètres, celui de l'intérieure 3 décimètres et la longueur 6 décimètres.

Vol. cyl. cr. $= \frac{(4+3)(4-3)\times 6}{1{,}273} =$ 33 déc. $\left\{\begin{array}{l}\text{Lig. sup.}\quad \frac{7}{1{,}273} \quad \frac{V=33}{6} \\ \text{Coul.}\end{array}\right\}$ N° 7.

Le volume d'un tronc de cône équivaut à ceux de 3 cônes de même hauteur que lui, et qui ont pour bases, l'un la base inférieure du tronc, un autre sa base supérieure, et le dernier la moyenne proportionnelle par quotient entre ses deux bases.

Lorsque l'on donne ou que l'on détermine les surfaces des bases d'un tronc de cône, on en calcule le volume comme celui d'un tronc de pyramide, n° 24.

Si l'on veut employer directement les diamètres des bases, on détermine les volumes des deux premiers cônes, comme on l'a indiqué ci-dessus, et celui du troisième, en mettant le produit des diamètres des bases à la place du carré du diamètre. On peut opérer de même avec les circonférences des bases.

---

(1) Soient D le diamètre extérieur, $d$ l'intérieur, C la circonférence extérieure, $c$ l'intérieure, H la hauteur ; on a, renvoi précédent :

$$\text{vol. cyl. cr.} = \frac{D^2\times H - d^2\times H}{\frac{4}{\pi}} = \frac{(D^2-d^2)\times H}{\frac{4}{\pi}} = \frac{(D+d)(D-d)\times H}{\frac{4}{\pi}},$$

ou bien :

$$\frac{C^2\times H}{4\pi} - \frac{c^2\times H}{4\pi} = \frac{(C^2-c^2)\times H}{4\pi} = \frac{(C+c)(C-c)\times H}{4\pi}.$$

En remplaçant chaque *indicateur* qui correspond à la surface du cercle par *celui* qui donne son carré inscrit, on obtient le volume du tronc du cône équarri (1).

Un tronc d'arbre a 21 décimètres de hauteur, l'une de ses extrémités a 2,5 décimètres de diamètre et l'autre 1,5 décimètre; on demande son volume et celui qu'il aura après son équarrissage.

Vol. 1er cône $= \frac{\overline{2,5}^2 \times 21}{3 \quad 1,273} = 34,37$ déc. { Lig. sup. 1er = 34,37 ; Coul. 21 3,819 ; Lig. inf. 2,5 } No 10

Vol. 2e cône $= \frac{\overline{1,5}^2 \times 21}{3 \times 1,273} = 12,37$ { Lig. sup. 2e = 12,37 ; Coul. 21 3,819 ; Lig. inf. 1,5 }

Vol. 3e cône $= \frac{(2,5 \times 1,5) \times 21}{3 \times 1,273} = 20,62$ { Lig. sup. 3e = 20,62 3,75 ; Coul. 21 3,819 } No 7.

Volume du tronc de cône $= 67,36$

---

(1) Soient D et $d$ les diamètres des bases, C et $c$ leurs circonférences, H la hauteur du tronc de cône, son volume $= \frac{\pi D^2}{4} \times \frac{1}{3} H + \frac{\pi d^2}{4} \times \frac{1}{3} H + \sqrt{\frac{\pi D^2}{4} \times \frac{\pi d^2}{4}} \times \frac{1}{3} H = \frac{D^2 \times \frac{1}{3} H}{\frac{4}{\pi}} + \frac{d^2 \times \frac{1}{3} H}{\frac{4}{\pi}} + \frac{Dd \times \frac{1}{3} H}{\frac{4}{\pi}}$,

ou bien $\frac{C^2 \times \frac{1}{3} H}{4\pi} + \frac{c^2 \times \frac{1}{3} H}{4\pi} + \frac{Cc \times \frac{1}{3} H}{4\pi}$, en remplaçant D et $d$ par $\frac{C}{\pi}$ et $\frac{c}{\pi}$.

Le volume du tronc de cône équarri $= \frac{D^2}{2} \times \frac{1}{3} H + \frac{d^2}{2} \times \frac{1}{3} H + \sqrt{\frac{D^2}{2} \times \frac{d^2}{2}} \times \frac{1}{3} H = \frac{D^2 \times \frac{1}{3} H}{2} + \frac{d^2 \times \frac{1}{3} H}{2} + \frac{Dd \times \frac{1}{3} H}{2}$,

ou $= \frac{C^2 \times \frac{1}{3} H}{2\pi^2} + \frac{c^2 \times \frac{1}{3} H}{2\pi^2} + \frac{Cc \times \frac{1}{3} H}{2\pi^2}$.

$$\text{Vol. 1}^{re}\text{ pyr.} = \frac{\overline{2,5}^2 \times 21}{3 \times 2} = \overset{\text{déc.}}{21,875}$$

| | | | |
|---|---|---|---|
| Lig. sup. | 1re = 21,875 | | N° 10. |
| Coul. | 21 | 6 | |
| Lig. inf. | | 2,5 | |

$$\text{Vol. 2}^{e}\text{ pyr.} = \frac{\overline{1,5}^2 \times 21}{3 \times 2} = 7,875$$

| | | |
|---|---|---|
| Lig. sup. | | 2e = 7,875 |
| Coul. | 6 | 21 |
| Lig. inf. | 1,5 | |

$$\text{Vol. 3}^{e}\text{ pyr.} = \frac{(2,5 \times 1,5) \times 21}{3 \times 2} = 13,125$$

| | | | |
|---|---|---|---|
| Lig. sup. | 3e = 13,125 | 3,75 | N° 7. |
| Coul. | 21 | 6 | |

Volume du tronc équarri = 42,875

Lorsque les diamètres des bases ne diffèrent pas trop l'un de l'autre, on regarde ordinairement le tronc et le tronc équarri comme équivalents au cylindre et au cylindre équarri de la même hauteur et dont le diamètre est la demi-somme de ceux des bases du tronc; ce qui donne :

$$\text{Vol. tronc} = \frac{\left(\frac{2,5+1,5}{2}\right)^2 \times 21}{1,273} = \overset{\text{déc.}}{65,99}$$

| | | | |
|---|---|---|---|
| Lig. sup. | | V = 65,99 | N° 10. |
| Coul. | 1,273 | 21 | |
| Lig. inf. | 2 | | |

$$\text{Vol. tr. éq.} = \frac{\left(\frac{2,5+1,5}{2}\right)^2 \times 21}{2} = 42$$

| | | |
|---|---|---|
| Lig. sup. | | $v$ = 42 |
| Coul. | 2 | 21 |
| Lig. inf. | 2 | |

Les excès 1,37 décimètre et 0,875 décimètre des premiers résultats exacts sur les deux derniers sont assez sensibles, mais les différences analogues diminuent à mesure que les bases du tronc approchent de l'égalité. Ces excès équivalent aux volumes entier et équarri du cône qui a la même hauteur que le tronc et pour diamètre de sa base la moitié de la différence de ceux des extrémités du tronc; ce qui donne pour les volumes à ajouter aux résultats approchés:

$$1^{er}\text{ vol.}=\frac{\left(\frac{2,5-1,5}{2}\right)^2\times 21}{3\times 1,273}=\overset{\text{déc.}}{1,375}\left\{\begin{array}{lrr}\text{Lig. sup.} & 1^{er}=1,375 & \\ \hline \text{Coul.} & 21 & 3,819 \\ \hline \text{Lig. inf.} & & 0,5\end{array}\right\}\text{N}^{o}\ 10.$$

$$2^{e}\text{ vol.}=\frac{\left(\frac{2,5-1,5}{2}\right)^2\times 21}{3\times 2}=0,875\left\{\begin{array}{lrr}\text{Lig. sup.} & 2^{e}=0,875 & \\ \hline \text{Coul.} & 21 & 6 \\ \hline \text{Lig. inf.} & & 0,5\end{array}\right\}$$

Si les circonférences étaient données au lieu des diamètres, on opérerait de même, en employant les *indicateurs* convenables (1).

Pour abréger, on ne donnera que les deux solutions approchées dans le problème suivant.

Un arbre a 125 décimètres de longueur, l'une de ses extrémités a 10 décimètres de circonférence et l'autre 6 décimètres (ce qui donne 8 décimètres pour

---

(1) Les notations du renvoi précédent donnent vol. tr. de cône — vol. cyl. $=\frac{\pi D^2}{4}\times\frac{1}{3}H+\frac{\pi d^2}{4}\times\frac{1}{3}H+\sqrt{\frac{\pi D^2}{4}\times\frac{\pi d^2}{4}}\times\frac{1}{3}H-\frac{\pi}{4}\cdot\left(\frac{D+d}{2}\right)^2\times H=\frac{1}{3}H\times\frac{\pi}{4}(D^2+d^2+Dd)-\frac{1}{4}H\times\frac{\pi}{4}(D^2+d^2+2Dd)=$ $\frac{1}{3}H\times\frac{\pi}{4}(D^2+d^2+2Dd)-\frac{1}{4}H\times\frac{\pi}{4}(D^2+d^2+2Dd)-\frac{1}{3}H\times\frac{\pi}{4}\times Dd=$ $\left(\frac{1}{3}-\frac{1}{4}\right)H\times\frac{\pi}{4}(D^2+d^2+2Dd)-\frac{1}{3\times 4}H\times\frac{\pi}{4}\times 4Dd=\frac{1}{3\times 4}H\times$ $\frac{\pi}{4}(D^2+d^2-2Dd)=\frac{1}{3\times 4}H\times\frac{\pi}{4}(D-d)^2=\frac{1}{3}H\times\frac{\pi}{4}\left(\frac{D-d}{2}\right)^2=$ $\frac{\left(\frac{D-d}{2}\right)^2\times\frac{1}{3}H}{\frac{4}{\pi}}$, qui est le volume du cône indiqué ci-dessus. (*Voyez* le volume d'un cylindre au premier renvoi de ce n° 25.)

En remplaçant les surfaces $\frac{\pi D^2}{4}$ et $\frac{\pi d^2}{4}$ des cercles par celles $\frac{D^2}{2}$

la circonférence moyenne); on demande son volume et celui qu'il aura après son équarrissage.

Vol. tronc $= \frac{8^2 \times 125}{12,57} = 636$ déc.

| | | | |
|---|---|---|---|
| Lig. sup. | V=636 | | |
| Coul. | 125 | 12,57 | No 10. |
| Lig. inf. | | 8 | |

Vol. tr. éq. $= \frac{8^2 \times 125}{19,74} = 405$

| | | |
|---|---|---|
| Lig. sup. | v=405 | |
| Coul. | 125 | 19,74 |
| Lig. inf. | | 8 |

*Observation*. On détermine ordinairement le plus petit

---

et $\frac{d^2}{2}$ de leurs carrés inscrits (2e renvoi du no 23), ou $\frac{\pi}{4}$ par $\frac{1}{2}$, ou enfin $\frac{4}{\pi}$ par 2, dans la dernière expression, on obtient :

$$\text{vol. du tronc équarri} - \text{vol. cyl. équarri} = \frac{\left(\frac{D-d}{2}\right)^2 \times \frac{1}{3} H}{2},$$

qui est le volume du cône équarri indiqué ci-dessus (1er renvoi de ce no 25).

Si l'on substitue $\frac{C}{\pi}$ et $\frac{c}{\pi}$ à D et $d$ dans la même expression, il vient :

$$\text{vol. tr. de cône} - \text{vol. cyl.} = \frac{\left(\frac{C-c}{2}\right)^2 \times \frac{1}{3} H}{4\pi}.$$

En remplaçant les surfaces $\frac{C^2}{4\pi}$ et $\frac{c^2}{4\pi}$ des cercles par celles $\frac{C^2}{2\pi^2}$ et $\frac{c^2}{2\pi^2}$ de leurs carrés inscrits (2e renvoi du no 23), ou $4\pi$ par $2\pi^2$ dans la dernière expression, on obtient :

$$\text{vol. tr. éq.} - \text{vol. cyl. éq.} = \frac{\left(\frac{C-c}{2}\right)^2 \times \frac{1}{3} H}{2\pi^2}.$$

On y parvient aussi en mettant $\frac{C}{\pi}$ et $\frac{c}{\pi}$ à la place de D et $d$ dans $\frac{\left(\frac{D-d}{2}\right)^2 \times \frac{1}{3} H}{2}$.

diamètre ou la plus petite circonférence d'un arbre qui se trouve sur la moitié inférieure de sa hauteur, sans avoir égard à son écorce ; d'où il suit que le volume de cette dernière et celui des nœuds saillants ne sont pas compris dans le résultat obtenu. Il faut cependant observer que l'emploi d'une ficelle pour mesurer la circonférence moyenne d'un arbre donne la longueur du contour qui a le rayon de l'arbre augmenté de celui de la corde ; ce qui conduit à un résultat trop grand du volume de l'enveloppe du bois de l'arbre qui a pour épaisseur le rayon de la ficelle. Ce dernier volume compense une faible partie de ceux de l'écorce et des nœuds saillants.

Il ne faut pas oublier que les résultats approchés sont toujours inférieurs aux volumes réels.

On demande la capacité de la sphère qui a intérieurement 4 décimètres de diamètre.

$$\text{Cap.} = \frac{4^2 \times 4}{1{,}91} = 33{,}5^{\text{litres.}}$$

| | | | |
|---|---|---|---|
| Lig. sup. | | C = 33,5 | No 10. |
| Coul. | 1,91 | 4 | |
| Lig. inf. | 4 | | |

On demande le volume de la sphère qui a 7 décimètres de contour (1).

---

(1) Soient D le diamètre et C la circonférence ; le volume de la sphère $=$ sa surface $\times \frac{D}{6} = \frac{D^2}{\frac{1}{\pi}} \times \frac{D}{6} = \frac{D^3}{\frac{6}{\pi}} = \frac{D^3}{19{,}1}$, ou bien $= \frac{C^2}{\pi} \times \frac{D}{6} = \frac{C^2}{\pi} \times \frac{C}{6\pi} = \frac{C^3}{6\pi^2} = \frac{C^3}{59{,}22}$. (*Voyez* le dernier renvoi du n° 23.)

$$\text{Vol.} = \frac{7^2 \times 7}{59{,}22} = \overset{\text{déc.}}{5{,}79}$$

| | | | |
|---|---|---|---|
| Lig. sup. | | V=5,79 | N° 10. |
| Coul. | 59,22 | 7 | |
| Lig. inf. | 7 | | |

Le volume d'une sphère creuse est l'excès du volume de la sphère pleine sur celui de la partie creuse.

Quel est le volume de la sphère creuse dont le diamètre de la surface extérieure a 1,5 décimètre et celui de l'intérieure a 1,1 décimètre.

$$\text{Vol. 1}^{\text{re}}\text{ sph.} = \frac{\overline{1{,}5}^2 \times 1{,}5}{1{,}91} = \overset{\text{déc.}}{1{,}767}$$

| | | | |
|---|---|---|---|
| Lig. sup. | 1re=1,767 | | N° 10. |
| Coul. | 1,5 | 1,91 | |
| Lig. inf. | | 1,5 | |

$$\text{Vol. 2}^{\text{e}}\text{ sph.} = \frac{\overline{1{,}1}^2 \times 1{,}1}{1{,}91} = 0{,}697$$

$$\text{Vol. sphère creuse} = 1{,}070$$

| | | |
|---|---|---|
| Lig. sup. | | 2e=0,697 |
| Coul. | 1,91 | 1,1 |
| Lig. inf. | 1,1 | |

On évite la détermination des volumes des deux sphères, en observant que le volume de la sphère creuse est sensiblement équivalent à celui du cylindre qui a pour diamètre la demi-somme des diamètres extérieur et intérieur de la sphère creuse (ou le diamètre intérieur augmenté de l'épaisseur), et pour hauteur le double de la différence des diamètres, qui est le quadruple de l'épaisseur; ce qui donne, n° 25.

$$\text{Vol. sp. cr.} = \frac{\left(\frac{1{,}5+1{,}1}{2}\right)^2 \times 0{,}8}{1{,}273} = \overset{\text{déc.}}{1{,}062}$$

| | | | |
|---|---|---|---|
| Lig. sup. | | V=1,062 | N° 10. |
| Coul. | 1,273 | 0,8 | |
| Lig. inf. | 1,3 | | |

L'excès 0,008 décimètre du premier résultat exact sur le dernier est assez peu sensible, et les différences analogues diminuent en même temps que les épaisseurs. Cet excès équivaut au double du volume de la sphère qui a pour diamètre l'épaisseur (1); ce qui donne

$$\text{Vol. sph.} = \frac{\left(\frac{1{,}5-1{,}1}{2}\right)^2 \times 0{,}2}{1{,}91} = \overset{\text{déc.}}{0{,}00419} \left\{\begin{array}{lll} \text{Lig. sup.} & & v = 0.00419 \\ \text{Coul.} & 1{,}91 & 0{,}2 \\ \text{Lig. inf.} & 0{,}2 & \end{array}\right\} \text{N}^{o}\ 10$$

dont le double 0,00838 décimètre est ce qu'il faut ajouter à 1,062 décimètre pour avoir le volume exact 1,07038 décimètre de la sphère creuse.

La différence 0,00038 décimètre entre 1,070 décimètre et 1,07038 décimètre provient des erreurs que la règle occasionne sur chaque résultat.

### *Volumes ou capacités des prismes et des cylindres pleins ou creux que l'on a pliés.*

26. En pliant, suivant une courbe fermée ou non, un prisme ou un cylindre à base circulaire ou non, plein ou creux, on obtient un corps dont le volume ou la capacité équivaut sensiblement à celui d'un prisme, n° 24, ou d'un cylindre, n° 25, plein ou creux qui a pour base la surface de la section du corps par un plan per-

(1) Soient D et $d$ les diamètres extérieur et intérieur, $\delta$ l'épaisseur; on a :

$$\text{vol. sph. cr.} = \frac{\pi D^3}{6} - \frac{\pi d^3}{6} = \frac{\pi}{6}\left\{(d+2\delta)^3 - d^3\right\} = \frac{\pi}{6}(6d^2\delta + 12d\delta^2 + 8\delta^3)$$

$$= \pi(d^2 + 2d\delta + \delta^2) \times \delta + \frac{\pi}{6} \times 2\delta^3 = \frac{(d+\delta)^2 \times 4\delta}{\frac{4}{\pi}} + 2 \times \frac{\delta^3}{\frac{6}{\pi}},$$

dont le 1er terme (1er renvoi du n° 25) est le volume du cylindre indiqué, et le second exprime le double de la sphère dont le diamètre est $\delta$. (Renvoi précédent.)

pendiculaire à sa direction, et pour hauteur la longueur moyenne qu'il aurait en le redressant.

Quel est le volume d'un anneau circulaire dont la circonférence de sa section par un plan a 1,1 décimètre et le diamètre moyen de son contour 2,3 décimètres.

La longueur moyenne de l'anneau redressé est égale à la circonférence qui a pour diamètre 2,3 décimètres.

Long. $= 2,3 \times 3,142 = 7^{déc.},23$ { Lig. sup. / Coul. } $\frac{2,3 \qquad L = 7,23}{1 \qquad 3,142}$ } N° 4.

Vol. $= \frac{1,1^2 \times 7,23}{12,57} = 0^{déc.},696$ N° 25. { Lig. sup. / Coul. / Lig. inf. } $\frac{\frac{\qquad V = 0,696}{12,57 \qquad 7,23}}{1,1}$ } N° 10.

*Poids des corps en général et particulièrement de ceux qui sont indiqués aux titres des n°s* 24, 25 et 26.

27. Pour obtenir en *kilogrammes* le poids d'un solide ou d'un liquide, il faut multiplier son volume exprimé en *décimètres cubes*, par sa densité, *Table* V, ou diviser le même volume par $\frac{1}{\text{densité}}$, dont on trouve la valeur dans la même rangée, à la colonne *parallélipipèdes*.

Pour obtenir en *grammes* le poids d'un gaz, il faut multiplier son volume exprimé en *décimètres cubes*, par mille fois sa densité relativement à l'eau, *Table* VI, ou diviser le même volume, par $\frac{1}{\text{mille fois la même densité}}$, dont on trouve la valeur dans la même rangée à la colonne *parallélipipèdes*.

Quel est le poids de la sphère en marbre qui a 4 décimètres de diamètre.

On a trouvé son volume de 33,5 décimètres cubes n° 25, donc

| | | | |
|---|---|---|---|
| Poids = 33,5 × 2,8376 = 95,06 kilog. | Lig. sup. / Coul. | 33,5 P = 95,06 / 1 2,8376 | N° 4. |
| ou poids = $\frac{33,5}{0,3524}$ = 95,06 | Lig. sup. / Coul. | P = 95,06 33,5 / 1 0,3524 | N° 5. |

Si de l'oxygène à 0° sous 0m,76 de pression mercurielle occupait le même espace, on aurait

| | | | |
|---|---|---|---|
| Poids = 33,5 × 1,4357 = 48,1 gram. | Lig. sup. / Coul. | 33,5 P = 48,1 / 1 1,4357 | N° 4. |
| ou poids = $\frac{33,5}{0,6965}$ = 48,1 | Lig. sup. / Coul. | P = 48,1 33,5 / 1 0,6965 | N° 5. |

Cette manière d'opérer exigeant deux positions différentes de la réglette, l'une pour déterminer le *volume* et l'autre le *poids*, il est plus simple d'employer les *indicateurs* convenables, *Tables* V *et* VI, comme on a employé *ceux* de la *Table* III, pour les mêmes corps, nos 24, 25 et 26 (1).

---

(1) Poids des parallélipipèdes en kilogrammes = vol. en décimètres × densité = $\frac{\text{vol.}}{\frac{1}{\text{densité}}}$; ce qui donne $\frac{1}{\text{densité}}$ pour chaque *indicateur* de la colonne *parallélipipèdes. Table V.*

Du premier renvoi du n° 25, on conclut :

Poids des cylindres en kilogrammes = vol. en décimètres × densité = $\frac{D^2 \times H}{\frac{4}{\pi}}$ × densité = $\frac{D^2 \times H}{\frac{1,27323957}{\text{densité}}}$; ce qui donne $\frac{1,27323957}{\text{densité}}$ pour

Pour montrer que l'on détermine les *poids* comme les *volumes*, on va reprendre les questions des nos 24, 25 et 26, dont les *indicateurs* sont *un* ou *trois*, ou dans la *Table* III, sans répéter les diverses réflexions qui les accompagnent.

On demande le poids d'un prisme en orme dont la surface de la base a 6 décimètres et la hauteur 7 décimètres.

$$\text{Poids} = \frac{6 \times 7}{1,250} = 33,6 \text{ kilog.}$$

| | | | |
|---|---|---|---|
| Lig. sup. | 6 | P = 33,6 | N° 7. |
| Coul. | 1,250 | 7 | |

On demande le poids de l'air sec à 0° sous 0m,76 de pression mercurielle que déplace une pyramide dont

---

chaque *indicateur* de la colonne *cylindres*, *dont on connaît le diamètre et la hauteur en décimètres.*

On trouve de même : $\frac{4\pi}{\text{densité}} = \frac{12,5663704}{\text{densité}}$ pour chaque *indicateur* de la colonne *cylindres, dont on connaît la circonférence et la hauteur en décimètres;* $\frac{2}{\text{densité}}$ pour chaque *indicateur* de la colonne *cylindres équarris, dont on connaît le diamètre et la hauteur en décimètres;* $\frac{2\pi^2}{\text{densité}} = \frac{19,73920813}{\text{densité}}$ pour chaque *indicateur* de la colonne *cylindres équarris, dont on connaît la circonférence et la hauteur en décimètres.*

Du cinquième renvoi du n° 25, on conclut de même :

$\frac{\frac{6}{\pi}}{\text{densité}} = \frac{1,90985935}{\text{densité}}$ pour chaque *indicateur* de la colonne *sphères, dont on connaît le diamètre en décimètres;* $\frac{6\pi^2}{\text{densité}} = \frac{59,2176244}{\text{densité}}$ pour chaque *indicateur* de la colonne *sphères, dont on connaît la circonférence en décimètres.*

On détermine de la même manière les *indicateurs* de la *Table VI*, en remplaçant la *densité* par *mille fois la densité* de chaque gaz par rapport à l'eau.

la surface de la base à 6 décimètres et la hauteur 7 décimètres.

Poids air déplacé $= \dfrac{6 \times 7}{3 \times 0,77} = 18,18$ gram.

| | | | |
|---|---|---|---|
| Lig. sup. | 6 | $p = 18,18$ | N° 7. |
| Coul. | 2,31 | 7 | |

Quel est le poids d'un tronc de pyramide en albâtre qui a 6 décimètres de hauteur, dont une base a 8 décimètres de superficie et l'autre 2 décimètres.

Poids 1re pyr. $= \dfrac{8 \times 6}{3 \times 0,5336} = 29,99$ kilog.

Poids 2e pyr. $= \dfrac{2 \times 6}{3 \times 0,5336} = 7,50$

Poids 3e pyr. $= \dfrac{4 \times 6}{3 \times 0,5336} = 14,99$

Poids tronc pyramide. . $= 52,48$

| | | | | | |
|---|---|---|---|---|---|
| L. s. | 6 | 2e = 7,50 | 3e = 14,99 | 1re = 29,99 | N° 7 |
| C. | 1,6008 | 2 | 4 | 8 | |

2e *solution*. Poids tr. pyr. $= \dfrac{(8+2+4) \times 6}{3 \times 0,5336} = 52,47$ kilog.

| | | | |
|---|---|---|---|
| Lig. sup. | P = 52,47 | 6 | N° 7 |
| Coul. | 14 | 1,6008 | |

Un cylindre en marbre a 3 décimètres de diamètre et 6 décimètres de hauteur ; on demande son poids et celui qu'il aura après son équarrissage.

Poids cyl. $= \dfrac{3^2 \times 6}{0,4487} = 120,3$ kilog.

| | | | |
|---|---|---|---|
| Lig. sup. | | P = 120,3 | N° 10. |
| Coul. | 0,4487 | 6 | |
| Lig. inf. | 3 | | |

Poids cyl. éq. $= \dfrac{3^2 \times 6}{0,7048} = 76,6$

| | | | |
|---|---|---|---|
| Lig. sup. | $p = 76,6$ | | N° 10. |
| Coul. | 6 | 0,7048 | |
| Lig. inf. | 3 | | |

Un cylindre a 7 décimètres de circonférence et 24 décimètres de hauteur ; on demande le poids de l'air sec à 0° sous $0^m,76$ de pression mercurielle qu'il déplace et celui qu'il déplacera après son équarrissage.

Poids air dépl. par cyl. $= \frac{7^2 \times 24}{9,676} = 121,5$ gram.

| | | | |
|---|---|---|---|
| Lig. sup. | P=121,5 | | No 10. |
| Coul. | 24 | 9,676 | |
| Lig. inf. | | 7 | |

Poids dépl. par cyl. éq. $= \frac{7^2 \times 24}{15,20} = 77,4$

| | | | |
|---|---|---|---|
| Lig. sup. | | p=77,4 | No 10. |
| Coul. | 15,20 | 24 | |
| Lig. inf. | 7 | | |

Quel est le poids du tuyau en fonte grise, dont le diamètre de la surface extérieure a 4 décimètres, celui de l'intérieure 3 décimètres et la longueur 6 décimètres.

Poids $= \frac{(4+3)(4-3) \times 6}{0,1660} = 253$ kilog.

| | | | |
|---|---|---|---|
| Lig. sup. | 7 | P=253 | No 7. |
| Coul. | 0,1660 | 6 | |

Un tronc de pommier a 21 décimètres de hauteur, l'une de ses extrémités a 2,5 décimètres de diamètre, et l'autre 1,5 décimètre; on demande son poids et celui qu'il aura après son équarrissage.

Poids 1er cône $= \frac{\overline{2,5}^2 \times 21}{3 \times 1,737} = 25,19$ kilog.

| | | | |
|---|---|---|---|
| Lig. sup. | 1er=25,19 | | No 10. |
| Coul. | 21 | 5,211 | |
| Lig. inf. | | 2,5 | |

Poids 2e cône $= \frac{\overline{1,5}^2 \times 21}{3 \times 1,737} = 9,07$

| | | | |
|---|---|---|---|
| Lig. sup. | | 2e=9,07 | No 10. |
| Coul. | 5,211 | 21 | |
| Lig. inf. | 1,5 | | |

Poids 3e cône $= \frac{(2,5 \times 1,5) \times 21}{3 \times 1,737} = 15,11$

| | | | |
|---|---|---|---|
| Lig. sup. | 3e=15,11 | 3,75 | No 7. |
| Coul. | 21 | 5,211 | |

Poids du tronc de pommier . . $= 49,37$

Poids 1re pyr. $= \frac{\overline{2,5}^2 \times 21}{3 \times 2,729} = 16,03$ kilog.

| | | | |
|---|---|---|---|
| Lig. sup. | 1re=16,03 | | No 10. |
| Coul. | 21 | 8,187 | |
| Lig. inf. | | 2,5 | |

Poids 2e pyr. $= \frac{\overline{1,5}^2 \times 21}{3 \times 2,729} = 5,77$

| | | | |
|---|---|---|---|
| Lig. sup. | | 2e=5,77 | No 10. |
| Coul. | 8,187 | 21 | |
| Lig. inf. | 1,5 | | |

Poids 3e pyr. $= \frac{(2,5 \times 1,5) \times 21}{3 \times 2,729} = 9,62$

| | | | |
|---|---|---|---|
| Lig. sup. | 3,75 | 3e=9,62 | No 7. |
| Coul. | 8,187 | 21 | |

Poids du tronc équarri. . . . $= 31,42$

Solutions approchées

$$\text{Poids tronc} = \frac{\left(\frac{2,5+1,5}{2}\right)^2 \times 21}{1,737} = \overset{\text{kilog.}}{48,36}$$

| | | | |
|---|---|---|---|
| Lig. sup. | | P=48,36 | N° 10. |
| Coul. | 1,737 | 21 | |
| Lig. inf. | 2 | | |

$$\text{Poids tr. éq.} = \frac{\left(\frac{2,5+1,5}{2}\right)^2 \times 21}{2,729} = 30,78$$

| | | | |
|---|---|---|---|
| Lig. sup. | p=30,78 | | N° 10. |
| Coul. | 21 | 2,729 | |
| Lig. inf. | | 2 | |

Excès calculés des deux premiers résultats exacts sur les deux autres.

$$1^{er} \text{ excès} = \frac{\left(\frac{2,5-1,5}{2}\right)^2 \times 21}{3 \times 1,737} = \overset{\text{kilog.}}{1,007}$$

| | | | |
|---|---|---|---|
| Lig. sup. | 1er=1,007 | | N° 10. |
| Coul. | 21 | 5,211 | |
| Lig. inf. | | 0,5 | |

$$2^{e} \text{ excès} = \frac{\left(\frac{2,5-1,5}{2}\right)^2 \times 21}{3 \times 2,729} = 0,641$$

| | | | |
|---|---|---|---|
| Lig. sup. | 2e=0,641 | | N° 10. |
| Coul. | 21 | 8,187 | |
| Lig. inf. | | 0,5 | |

Un hêtre a 125 décimètres de longueur, l'une de ses extrémités a 10 décimètres de circonférence et l'autre 6 décimètres (ce qui donne 8 décimètres pour la circonférence moyenne) ; on demande son poids et celui qu'il aura après son équarrissage.

$$\text{Poids du hêtre} = \frac{8^2 \times 125}{14,75} = 542 \text{ kilog.}$$

| | | | |
|---|---|---|---|
| Lig. sup. | P=542 | | N° 10. |
| Coul. | 125 | 14,75 | |
| Lig. inf. | | 8 | |

$$\text{Poids hêtre éq.} = \frac{8^2 \times 125}{23,17} = 345$$

| | | | |
|---|---|---|---|
| Lig. sup. | p=345 | | N° 10. |
| Coul. | 125 | 23,17 | |
| Lig. inf. | | 8 | |

On demande le poids de la sphère en pierre à bâtir qui a 4 décimètres de diamètre.

$$\text{Poids} = \frac{4^2 \times 4}{0,9182} = \overset{\text{kilog.}}{69,7}$$

| | | | |
|---|---|---|---|
| Lig. sup. | P = 69,7 | | N° 10. |
| Coul. | 4 | 0,9182 | |
| Lig. inf. | 4 | | |

On demande le poids de la sphère en frêne qui a 7 décimètres de contour.

$$\text{Poids} = \frac{7^2 \times 7}{70{,}08} = \overset{\text{kilog.}}{4{,}89}$$

| | | | |
|---|---|---|---|
| Lig. sup. | P = 4,89 | | N° 10. |
| Coul. | 7 | 70,08 | |
| Lig. inf. | | 7 | |

Quel est le poids de la sphère creuse en cuivre fondu dont le diamètre de la surface extérieure a 1,5 décimètre et celui de l'intérieure a 1,1 décimètre?

$$\text{Poids } 1^{re} \text{ sph.} = \frac{\overline{1{,}5}^2 \times 1{,}5}{0{,}2158} = \overset{\text{kilog.}}{15{,}64}$$

| | | | |
|---|---|---|---|
| Lig. sup. | 1re = 15,64 | | N° 10. |
| Coul. | 1,5 | 0,2158 | |
| Lig. inf. | | 1,5 | |

$$\text{Poids } 2^{e} \text{ sph.} = \frac{\overline{1{,}1}^2 \times 1{,}1}{0{,}2158} = 6{,}17$$

| | | | |
|---|---|---|---|
| Lig. sup. | | 2e = 6,17 | N° 10. |
| Coul. | 0,2158 | 1,1 | |
| Lig. inf. | 1,1 | | |

$$\text{Poids sphère creuse} \ldots = \overline{9{,}47}$$

Solution approchée

$$\text{Poids sph. cr.} = \frac{\left(\frac{1{,}5+1{,}1}{2}\right)^2 \times 0{,}8}{0{,}1439} = \overset{\text{kilog.}}{9{,}40}$$

| | | | |
|---|---|---|---|
| Lig. sup. | | P = 9,40 | N° 10. |
| Coul. | 0,1439 | 0,8 | |
| Lig. inf. | 1,3 | | |

Calcul de l'erreur

$$\text{Poids sph.} = \frac{\left(\frac{1{,}5-1{,}1}{2}\right)^2 \times 0{,}2}{0{,}2158} = \overset{\text{kilog.}}{0{,}0371}$$

| | | | |
|---|---|---|---|
| Lig. s. | $p$ = 0,0371 | | N° 10. |
| Coul. | 0,2 | 0,2158 | |
| L. inf. | | 0,2 | |

dont le double $0^k{,}0742$ est ce qu'il faut ajouter à $9^k{,}40$ pour avoir le poids exact $9^k{,}4742$ de la sphère creuse.

La différence $0^k{,}0042$ entre $9^k{,}47$ et $9^k{,}4742$ provient des erreurs que la règle occasionne sur chaque résultat.

Quel est le poids d'un anneau circulaire en fer dont

la circonférence de sa section par un plan a 1,1 décimètre et le diamètre moyen de son contour 2,3 décimètres?

La longueur moyenne de l'anneau redressé étant de 7,23 décimètres, n° 26, son

$$\text{Poids} = \frac{\overline{1,1}^2 \times 7,23}{1,614} = \overset{\text{kilog.}}{5,42}$$

| | | | |
|---|---|---|---|
| Lig. sup. | | P = 5,42 | N° 10. |
| Coul. | 1,614 | 7,23 | |
| Lig. inf. | 1,1 | | |

### *Problèmes relatifs au levier.*

28. Lorsque trois forces P, Q, R, fig. 9, ont des directions AP, BQ, CR parallèles entre elles et perpendiculaires ou non sur la droite inflexible AB à laquelle on les a fixées invariablement, elles se font équilibre, quand chacune est proportionelle à la partie du levier comprise entre les deux autres, dont elle représente la résultante en grandeur et en direction opposée; ce qui donne la suite

$$P : BC :: Q : AC :: R = P + Q : AB$$

au moyen de laquelle on résout les questions que l'on peut proposer sur le levier.

Soient $P = 2$, $Q = 3$, $BC = 8$ déc.
On a $2 : 8 :: 3 : AC :: 2 + 3 : AB$

| | | | | |
|---|---|---|---|---|
| Lig. sup. | 8 | AC = 12 | AB = 20 | N° 7. |
| Coul. | 2 | 3 | 5 | |

Comme les nombres analogues à ceux de l'exemple ci-dessus se correspondent toujours de la même manière sur la ligne supérieure de la règle et sur la coulisse, il est inutile de s'arrêter aux autres questions.

# TRIGONOMÉTRIE.

29. La ligne supérieure du revers de la coulisse, fig. 5, représente une table de logarithmes des sinus des arcs :

| | | | | | | | |
|---|---|---|---|---|---|---|---|
| de 10′ | en | 10′ | depuis | 40′ | jusqu'à | 10° (1). |
| de 20 | en | 20 | *id.* | 10° | *id.* | 20 |
| de 30 | en | 30 | *id.* | 20 | *id.* | 30 |
| de 1° | en | 1° | *id.* | 30 | *id.* | 60 |
| de 2 | en | 2 | *id.* | 60 | *id.* | 70 |

et enfin les trois traits de droite indiquent 75°, 80° et 90° ; de sorte qu'après avoir *renversé la coulisse*, ce que l'on effectue en mettant le *dessus en dessous*, et fait coïncider 90° avec le trait qui est à droite sur la ligne supérieure de la règle, chaque division de cette dernière (considérée comme formant une table de logarithmes de 1 à 100) donne le sinus naturel de l'arc qui lui correspond et réciproquement (2).

(1) Sur la règle de 35 centimètres, les divisions sont :

| | | | | | | |
|---|---|---|---|---|---|---|
| de 5′ | en 5′ | depuis | 35′ | jusqu'à | 10° |
| de 10 | en 10 | *id.* | 10° | *id.* | 20 |
| de 15 | en 15 | *id.* | 20 | *id.* | 30 |
| de 30 | en 30 | *id.* | 30 | *id.* | 50 |
| de 1° | en 1° | *id.* | 50 | *id.* | 70 |
| de 2 | en 2 | *id.* | 70 | *id.* | 80 |

Enfin les deux traits de droite indiquent 85° et 90°.

(2) Car les divisions de la coulisse sont tracées de manière qu'elles correspondent sur la règle aux quatrièmes termes des proportions analogues à : Rayon =100000 : sin. 1° = 1745 :: 100 = longueur de la règle logarithmique prise

La ligne supérieure du revers de la coulisse est bien divisée lorsque les nombres ainsi obtenus correspondent à ceux d'une table de sinus naturels.

| Lig. sup. | $x=1,745$ | $x=2,62$ | $x=5,81$ | $x=11,4$ | $x=42,3$ | 100 |
|---|---|---|---|---|---|---|
| Coul. renv. lig. sin. | 1° | 1° 30′ | 3° 20′ | 6° 33′ | 25° | 90° |

Ainsi on trouve, sin. 1°=1,745, sin. 1° 30′=2,62, sin. 3° 20′=5,81, sin. 6° 33′=11,4, sin. 25°=42,3, sin. 90°=100.

| Lig. sup. | 1,45 | 4,36 | 34,5 | 100 |
|---|---|---|---|---|
| Coul. renv. lig. sin. | $x=$0° 50′ | $x=$2° 30′ | $x=$20° 10′ | 90° |

Et *réciproquement* 1,45=sin. 0° 50′, 4,36=sin. 2° 30′, 34,5= sin. 20° 10′, 100=sin. 90°.

On divise la ligne des logarithmes sinus, fig. 5, à partir du trait 90° auquel correspond l'extrémité de la règle, lorsque ses divisions supérieures coïncident avec celles de la coulisse, fig. 1.

| Lig. sup. | 100 | 1° lig. sin. |
|---|---|---|
| Coul. | $x=1,745$ | |

D'où il suit que la coulisse étant mise dans sa position ordinaire, et tirée jusqu'à ce que 1° correspondc à l'extrémité de la règle, le nombre 1,745 de la coulisse (dont il faut réunir les deux échelles en une seule de 1 à 100), qui est sous la division de droite de la règle, est le sinus de 1°, et réciproquement ; car ayant tiré la coulisse de 90° à 1°, ou de la distance entre ses divisions 100 et 1,745=sin. 1°, ce dernier nombre a été amené sous 100 de la règle.

On trouve de même sin. 1° 30′=2,62, sin. 3° 20′=5,81, sin. 6°33′=11,4, sin. 25°=42,3.

---

pour représenter le logarithme du Rayon ou celui du sinus de 90° : 1,745 = nombre de la règle logarithmique auquel correspond 1°.

Les logarithmes des sinus des arcs au-dessous de 0° 40′ étant représentés par des fractions, on n'a pas pu les tracer, car il faudrait des échelles à gauche de la règle qui auraient des divisions de 0,1 à 1, de 0,01 à 0,1, etc.

| Lign. sup. | 100 | $x = 0°50'$ lig. sin. |
|---|---|---|
| Coul. | 1,45 | |

*Réciproquement.* En amenant 1,45 de la coulisse sous 100 de la règle, l'extrémité de cette dernière donne 0° 50′ pour l'arc dont le sinus est 1,45.

On trouve de même 4,36=sin. 2° 30′, 34,5=sin. 20° 10′.

30. La ligne du milieu du revers de la coulisse, fig. 5, représente une table de logarithmes des tangentes des arcs :

| de 10′ | en 10′ | depuis | 40′ | jusqu'à | 10° (1). |
|---|---|---|---|---|---|
| de 20 | en 20 | *id.* | 10° | *id.* | 30 |
| de 30 | en 30 | *id.* | 30 | *id.* | 45 |

On divise et on vérifie cette ligne comme celle des sinus, n° 29, en prenant les tangentes des arcs au lieu des sinus et en observant que la tangente de 45° remplace le Rayon ou le sinus de 90°.

Après avoir *renversé la coulisse* et mis 45° sous 100 de la règle,

| Lig. sup. | $x = 1,746$ | $x = 5,82$ | $x = 11,48$ | $x = 46,6$ | 100 |
|---|---|---|---|---|---|
| Coul. renv. lig. tang. | 1° | 3° 20′ | 6° 33′ | 25° | 45° |

on trouve, tang. 1°=1,746, tang. 3° 20′=5,82, tang. 6° 33′= 11,48, tang. 25°=46,6, tang. 45°=100.

| Lig. sup. | 1,45 | 4,37 | 34,4 | 100 |
|---|---|---|---|---|
| Coul. renv. lig. tang. | $x = 0°50'$ | $x = 2°30'$ | $x = 19°$ | $x = 45°$ |

et *réciproquement* 1,45=tang. 0°50′, 4,37=tang. 2° 30′, 34,4= tang. 19°, 100=tang. 45°.

(1) Sur la règle de 35 centimètres, les divisions sont :

| de 5′ | en 5′ | depuis | 35′ | jusqu'à | 10° |
|---|---|---|---|---|---|
| de 10 | en 10 | *id.* | 10° | *id.* | 20 |
| de 15 | en 15 | *id.* | 20 | *id.* | 45 |

En mettant la coulisse dans sa position ordinaire, on trouve,

| | | |
|---|---|---|
| Lig. sup. | 100 | 1° lig. tang. |
| Coul. | $x = 1{,}746$ | |

comme pour la ligne des sinus, que la tangente de 1° est aussi le nombre 1,746 de la coulisse qui se trouve sous la division de droite de la règle, lorsque l'extrémité de cette dernière correspond à 1° et réciproquement.

On obtient de même tang. 3° 20′ = 5,82, tang. 6° 33′ = 11,48, tang. 25° = 46,6.

| | | |
|---|---|---|
| Lig. sup. | 100 | $x = 0°\,50'$ |
| Coul. | 1,45 | |

*Réciproquement.* En amenant 1,45 de la coulisse sous 100 de la règle, l'extrémité de cette dernière donne 0° 50′ pour l'arc dont la tangente est 1,45.

On trouve de même 4,37 = tang. 2° 30′, 34,4 = tang. 19°.

Dans les applications, n° 34 et 35, on indiquera les moyens de suppléer aux tangentes des arcs qui surpassent 45° que la règle ne donne pas.

31. Quel est le produit de $74 \times \frac{\sin. 30°}{R}$ ou le quatrième terme de la proportion $R = \sin. 90° : 74 :: \sin. 30° : x$?

| | | |
|---|---|---|
| Lig. sup. | $x = 37$ | 74 |
| Coul. renv. lig. sin. | 30° | 90° |

Ayant mis 90° sous 74 de la seconde échelle de la règle, on trouve le produit 37 au-dessus de 30° (1).

*Remarque.* On peut retourner bout pour bout la coulisse renversée, mettre 30° sous 74 et lire le résultat 37 au-dessus de 90°.

(1) Car $x = \frac{74 \times \sin. 30°}{R}$ donne log. $x$ = log. 74 — (log. R — log. sin. 30°).

| Lig. sup. | $x=37$ | 74 |
|---|---|---|
| Coul. renv. et ret. lig. sin. | 90° | 30° |

Mais on obtient peu d'exactitude, car la ligne des sinus se trouve trop éloignée de la ligne supérieure de la règle.

Quel est le produit de 74 × sin. 3°?

| Lig. sup. | $x=3,87$ | 74 |
|---|---|---|
| Coul. renv. lig. sin. | 3° | 90° |

*Règles générales.* Le produit a autant de chiffres que le nombre multiplié, lorsqu'il sont tous deux sur la même échelle de la règle.

Le produit a un chiffre de moins que le nombre multiplié, lorsqu'ils ne sont pas tous deux sur la même échelle de la règle.

*Remarque.* La règle ne donne pas directement le produit de 74 × sin. 0° 40′, car la division 0° 40′ quitte celles de la ligne supérieure ; mais on l'obtient en avançant la coulisse d'une échelle ; pour cela, il faut la tirer jusqu'à ce que la division qui est sous le milieu de la règle corresponde à sa division de droite, ou jusqu'à ce qu'un trait de la coulisse qui correspond à une division de la première échelle de la règle soit sous la même division de sa seconde échelle ; ensuite on lit le résultat comme ci-dessus, en observant qu'il a deux chiffres de moins que le nombre multiplié (1) ; ainsi 74 × sin. 0° 40′ = 0,861.

On agit de même toutes les fois que la division de la ligne sinus qui doit donner le résultat quitte celles de la règle.

---

(1) Car 0° 40′ correspond à une échelle de 0,1 à 1, qui serait à gauche de la règle. Pour se rendre compte de ces *règles générales* et de *celles* qui suivent, n^os 31, 32, 33, 34 et 35, il faut considérer les deux échelles supérieures de la règle et celles de la coulisse, comme n'en formant qu'une, depuis *un* jusqu'à *cent*, ramener les nombres donnés à ceux de la règle et de la coulisse, en y transposant convenablement la virgule, et enfin rétablir cette dernière dans le résultat obtenu sur la règle ou sur la coulisse, à la place qu'elle doit occuper, d'après les changements qu'on lui a fait subir dans les nombres connus.

*Seconde manière* d'obtenir le produit de $74 \times \frac{\sin. 30^\circ}{R}$.

| | | |
|---|---|---|
| Lig. sup. | 74 | 30° lig. sin. |
| Coul. | $x = 37$ | |

La coulisse étant mise dans sa position ordinaire, et tirée jusqu'à ce que 30° de la ligne des sinus corresponde à l'extrémité de la règle, le résultat 37 se trouve sous 74 de sa seconde échelle (1).

Quel est le produit de $74 \times \sin. 3^\circ$?

| | | |
|---|---|---|
| Lig. sup. | 74 | 3° lig. sin. |
| Coul. | $x = 3{,}87$ | |

*Règles générales.* Le produit a autant de chiffres que le nombre multiplié, lorsqu'ils sont tous deux sur les échelles de droite de la règle et de la coulisse.

Le produit a un chiffre de moins que le nombre multiplié, lorsque ce dernier, pris sur la seconde échelle de la règle, correspond à la première échelle de la coulisse.

*Remarque.* Pour $74 \times \sin. 0^\circ 40'$, 74 se trouvant hors de la coulisse, il faut reculer cette dernière d'une échelle pour obtenir le résultat 0,861, qui a deux chiffres de moins que 74, car il correspond à une échelle de 0,1 à un 1 qui serait à gauche de la coulisse.

Si l'arc surpasse 90°, on opère sur son supplément.

*Exemple.* $74 \times \sin. 150^\circ = 74 \times \sin. 30^\circ = 37$.

32. Quel est le quotient de $37 : \frac{\sin. 30^\circ}{R}$ ou le quatrième de la proportion $\sin. 30^\circ : 37 :: R = \sin. 90^\circ : x$?

| | | |
|---|---|---|
| Lig. sup. | 37 | $x = 74$ |
| Coul. renv. lig. sin. | 30° | 90° |

(1) En tirant la coulisse de log. R — log. sin. 30°, on obtient log. 37 = log. 74 — (log. R—log. sin. 30°) ; et par suite $x = 37$, d'après le premier renvoi de ce numéro.

Ayant mis 30° sous 37 de la première échelle de la règle, on trouve le quotient 74 au-dessus de 90° (1).

*Remarque.* On peut retourner bout pour bout la coulisse renversée, mettre 90° sous 37 et lire le résultat 74 au-dessus de 30°.

| | | |
|---|---|---|
| Lig. sup. | 37 | $x=74$ |
| Coul. renv. et ret. lig. sin. | 90° | 30° |

Mais on obtient peu d'exactitude, car la ligne des sinus est trop éloignée de la ligne supérieure de la règle.

Quel est le quotient de 37 : sin. 3° ?

| | | |
|---|---|---|
| Lig. sup. | 37 | $x=707$ |
| Coul. renv. lig. sin. | 3° | 90° |

*Règles générales.* Le quotient a autant de chiffres que le dividende, lorsqu'ils sont tous deux sur la même échelle de la règle.

Le quotient a un chiffre de plus que le dividende, lorsqu'ils ne sont pas tous deux sur la même échelle de la règle.

*Remarque.* Si 90° quitte les divisions de la règle, il faut reculer la coulisse d'une échelle pour obtenir le quotient, qui a deux chiffres de plus que le dividende, car le résultat correspond à une échelle de 100 à 1000, qui serait à droite de la règle. Ainsi $37 : \frac{\sin.\ 1^\circ}{R} = 2120$.

*Seconde manière* d'obtenir le quotient de $37 : \frac{\sin.\ 30^\circ}{R}$.

| | | |
|---|---|---|
| Lig. sup. | $x=74$ | 30° lig. sin. |
| Coul. | 37 | |

La coulisse étant mise dans sa position ordinaire, et tirée jusjusqu'à ce que 30° de la ligne des sinus corresponde à l'extré-

(1) Car $x = \frac{37 \times R}{\sin.30^\circ}$ donne log. $x$ = log. 37 + (log. R — log. sin. 30°).

mité de la règle, le résultat 74 se trouve au-dessus de 37 de la coulisse, qui est sous la seconde échelle de la règle (1).

Quel est le quotient de $37 : \frac{\text{sin. } 3^\circ}{\text{R}}$.

| | | |
|---|---|---|
| Lig. sup. | $x = 707$ | 3° lig. sin. |
| Coul. | 37 | |

*Règles générales.* Le quotient a autant de chiffres que le dividende, lorsqu'ils sont tous deux sur les échelles de droite de la règle et de la coulisse.

Le quotient a un chiffre de plus que le dividende, lorsque ce dernier, pris sur la première échelle de la coulisse, correspond à la seconde échelle de la règle.

*Remarque.* Pour $37 : \frac{\text{sin. } 1^\circ}{\text{R}}$, 37 de la coulisse se trouvant hors de la règle, il faut reculer la première d'une échelle pour obtenir le résultat 2120 qui a deux chiffres de plus que 37, car il correspond à une échelle de 100 à 1000 qui serait à la droite de la règle.

Si l'arc surpasse 90°, on opère sur son supplément.

*Exemple.* $37 : \frac{\text{sin. } 150^\circ}{\text{R}} = 37 : \frac{\text{sin. } 30^\circ}{\text{R}} = 74.$

33. Déterminer l'angle $x$ qui est donné par $\frac{\text{sin. } x}{\text{R}} = \frac{37}{74}$ ou par la proportion $74 : \text{R} = \text{sin. } 90^\circ :: 37 : \text{sin. } x$.

| | | | |
|---|---|---|---|
| Lig. sup. | 3,87 | 37 | 74 |
| Coul. renv. lig. sin. | $x = 3^\circ$ | $x = 30^\circ$ | 90° |

Ayant mis 90° sous 74 de la seconde échelle de la règle, on trouve le résultat 30° sous 37 de la même échelle, n° 31.

L'arc $x$ pourrait être de $180^\circ - 30^\circ = 150^\circ$, car un sinus ap-

(1) En tirant la coulisse de log. R. — log. sin. 30°, on obtient log. 74 = log. 37 + (log. R — log. sin. 30°), et par suite $x = 74$, d'après le renvoi précédent.

partient à deux arcs qui sont suppléments l'un de l'autre. Il en sera de même pour les arcs qui suivent.

Pour $\frac{\sin. x}{R} = \frac{3,87}{74}$, on trouve $x = 3°$ sous 3,87 de la première échelle de la règle.

*Règles générales.* Il faut lire l'arc inconnu sous l'échelle où se trouve 90°, quand les deux nombres donnés ont autant de chiffres l'un que l'autre.

Il faut lire l'arc inconnu sous la première échelle de la règle, après avoir mis 90° sous sa seconde, quand le numérateur ou le plus petit nombre donné a un chiffre de moins que l'autre.

*Remarque.* Quand le plus petit nombre a deux chiffres de moins que l'autre, on obtient encore l'arc, après avoir avancé la coulisse d'une échelle, lorsque cette dernière reste sous le numérateur pris sur la première échelle de la règle.

Ainsi $\frac{\sin. x}{R} = \frac{0,861}{74}$ donne $x = 0° 40'$.

*Seconde manière* d'obtenir $x$. Lorsque $\frac{\sin. x}{R} = \frac{37}{74}$.

| | | |
|---|---|---|
| Lig. sup. | 74 | $x = 30°$ lig. sin. |
| Coul. | 37 | |

La coulisse étant dans sa position naturelle, et placée de manière que 37 de sa seconde échelle soit sous 74 de la même échelle de la règle, le résultat 30° correspond à l'extrémité de cette dernière sur la ligne des sinus, n° 31.

Pour $\frac{\sin. x}{R} = \frac{3,87}{74}$, on trouve de même $x = 3°$, après avoir amené 3,87 de la première échelle de la coulisse sous 74 de la seconde échelle de la règle.

*Règles générales.* Il faut prendre les deux nombres sur les échelles de droite de la règle et de la coulisse, quand ils ont autant de chiffres l'un que l'autre.

Il faut prendre le plus petit nombre sur la première échelle de la coulisse et l'autre sur la seconde échelle de la règle, quand le premier a un chiffre de moins que le second.

*Remarque.* Quand le plus petit nombre a deux chiffres de moins que l'autre, il faut d'abord mettre la coulisse dans la dernière position indiquée ci-dessus, puis l'avancer d'une échelle, si cela est possible sans qu'elle quitte la rainure, avant de lire le résultat.

Ainsi $\frac{\sin. x}{R} = \frac{0{,}861}{74}$ donne $x = 0^\circ 40'$.

*Observation.* Cet article peut être considéré comme étant réciproque aux nos 31 et 32.

34. 1° Pour multiplier ou diviser un nombre par le rapport de la tangente d'un angle qui ne surpasse pas 45° au Rayon, il faut employer la ligne des tangentes, n° 30, et suivre les mêmes règles que pour la multiplication ou la division d'un nombre par le rapport d'un sinus au Rayon, nos 31 et 32.

Ainsi l'on trouve $74 \times \frac{\text{tang. } 30^\circ}{R} = 42{,}7$. $74 \times \frac{\text{tang. } 3^\circ}{R} = 3{,}88$. $74 \times \frac{\text{tang. } 0^\circ 40'}{R} = 0{,}861$.

$37 : \frac{\text{tang. } 30^\circ}{R} = 64{,}1$. $37 : \frac{\text{tang. } 3^\circ}{R} = 706$. $37 : \frac{\text{tang. } 1^\circ}{R} = 2120$.

Si l'angle surpasse 135°, on opère sur son supplément.

*Exemples.* $74 \times \frac{\text{tang. } 150^\circ}{R} = 74 \times \frac{\text{tang. } 30^\circ}{R} = 42{,}7$.

*Réciproquement.* On suit les règles du n° 33, pour déterminer chaque angle dont le rapport de la tangente au Rayon est une fraction.

*Exemples.* $\frac{\text{tang. } x}{R} = \frac{42{,}7}{74}$ donne $x = 30^\circ$ ou $150^\circ$, $\frac{\text{tang. } x}{R} = \frac{3{,}88}{74}$ donne $x = 3^\circ$ ou $177^\circ$, $\frac{\text{tang. } x}{R} = \frac{0{,}861}{74}$ donne $x = 0^\circ 40'$ ou $179^\circ 20'$.

2° Pour multiplier ou diviser un nombre par le rapport de la tangente d'un angle aigu qui surpasse 45° au Rayon, il faut diviser ou multiplier le même nombre par le rapport de la tangente de son complément au Rayon (1).

Ainsi $37 \times \frac{\text{tang. } 60^\circ}{R} = 37 : \frac{\text{tang. } 30^\circ}{R} = 64{,}1.$ $37 \times \frac{\text{tang. } 87^\circ}{R} = 37 : \frac{\text{tang. } 3^\circ}{R} = 706.$ $37 \times \frac{\text{tang. } 89^\circ}{R} = 37 : \frac{\text{tang. } 1^\circ}{R} = 2120.$

De même $74 : \frac{\text{tang. } 60^\circ}{R} = 74 \times \frac{\text{tang. } 30^\circ}{R} = 42{,}7.$ $74 : \frac{\text{tang. } 87^\circ}{R} = 74 \times \frac{\text{tang. } 3^\circ}{R} = 3{,}88.$ $74 : \frac{\text{tang. } 89^\circ 20'}{R} = 74 \times \frac{\text{tang. } 0^\circ 40'}{R} = 0{,}861.$

Si l'angle est obtus et moindre que 135°, on opère sur son supplément.

*Exemple.* $37 \times \frac{\text{tang. } 120^\circ}{R} = 37 \times \frac{\text{tang. } 60^\circ}{R} = 37 : \frac{\text{tang. } 30^\circ}{R} = 64{,}1.$

Ce qui revient à 37 : tang. du complément de 120°

*Réciproquement.* L'angle dont le rapport de la tangente au Rayon est une expression fractionnaire, a pour complément celui dont le rapport de la tangente au Rayon est la fraction que l'on obtient en renversant l'expression fractionnaire donnée.

*Exemples.* $\frac{\text{tang. } y}{R} = \frac{74}{42{,}7}$, on cherche l'angle $x = 30^\circ$ dont la tangente est $\frac{42{,}7}{74}$; d'où l'on conclut l'angle $y = 90^\circ - 30^\circ = 60^\circ$ ou $y = 90^\circ + 30^\circ = 120^\circ$.

$\frac{\text{tang. } y}{R} = \frac{74}{3{,}88}$ donne de même $y = 90^\circ - 3^\circ = 87^\circ$ ou $y = 90^\circ + 3^\circ = 93^\circ$.

---

(1) Car tang. A : R :: R : cot. A = tang. (90° — A) donne $\frac{\text{tang. A}}{R} = \frac{R}{\text{tang. } (90^\circ - A)}$.

$\frac{\text{Tang. } y}{\text{R}} = \frac{74}{0,861}$ donne de même $y = 90° - 0°40' = 89°20'$ ou $y = 90° + 0°40' = 90°40'$.

35. **Trouver le quatrième terme de la proportion :**

**Sin. 15° : 21 :: sin. 9° : $x = 12,69$.**

| Lig. sup. | $x = 8,48$ | $x = 12,69$ | 21 |
|---|---|---|---|
| Coul. renv. lig. sin. | 6° | 9° | 15° |

Ayant amené 15° sous 21 de la seconde échelle, on lit le résultat 12,69 au-dessus de 9° (1).

Il faudrait mettre 15° sous 21 de la première échelle, si sin. 9° surpassait sin. 15°.

Dans la même position de la coulisse, 6° correspond à 8,48 qui est le quatrième terme de la proportion :

Sin. 15° : 21 :: sin. 6° : $y = 8,48$.

*Règles générales.* Le *résultat* a *autant* de chiffres que le *nombre donné*, lorsqu'ils sont tous deux sur la même échelle de la règle.

Le *résultat* a *un* chiffre de *moins* que le *nombre donné*, lorsque ce dernier est sur l'échelle de droite et le *résultat* sur celle de gauche.

Le *résultat* a *un* chiffre de *plus* que le *nombre donné*, lorsque ce dernier est sur l'échelle de gauche et le *résultat* sur celle de droite.

*Exemple.* Sin. 6° : 8,48 :: sin. 15° : $z = 21$.

Pour sin. 15° : 21 :: sin. 0°40' : $x = 0,944$.

Le trait 0° 40' quitte la règle, alors on avance la coulisse d'une échelle pour obtenir le quatrième terme 0,944 au-dessus de 0° 40'. Dans ce cas, le *résultat* a *deux* chiffres de *moins* que le *nombre donné*, car il s'en trouve à gauche de deux échelles.

(1) Car log. $x$ = log. 21 — (log. sin. 15° — log. sin. 9°).

Le *résultat* a *deux* chiffres de *plus* que le *nombre donné*, lorsqu'il s'en trouve à droite de deux échelles, ce qui oblige à reculer la coulisse d'une échelle.

*Exemple.* Sin. $0^\circ 40'$ : 0,944 :: sin. $15^\circ$ : $x = 21$.

*Réciproquement.* Si l'on a 21 : sin. $15^\circ$ :: 12,69 : sin. $x =$ sin. $9^\circ$.

Il faut amener $15^\circ$ sous 21 de la seconde échelle et lire $x = 9^\circ$ sous 12,69 de la même échelle.

On mettrait $15^\circ$ sous 21 de la première échelle, si ce dernier nombre était moindre que 12,69.

Dans la même position de la coulisse, 8,48 de la première échelle correspond à $6^\circ$ qui est l'arc dont le sinus forme le quatrième terme de la proportion 21 : sin. $15^\circ$ :: 8,48 : sin. $y$ = sin. $6^\circ$.

*Règles générales.* Les deux arcs sont sous la même échelle quand les nombres donnés ont autant de chiffres l'un que l'autre.

L'arc inconnu est sous la première échelle, quand le nombre correspondant a un chiffre de moins que l'autre qui doit être pris sur la seconde échelle.

L'arc inconnu est sous la seconde échelle, quand le nombre correspondant a un chiffre de plus que l'autre qui doit être pris sur la première échelle.

*Exemple.* 8,48 : sin. $6^\circ$ :: 21 : sin. $x =$ sin. $15^\circ$.

Lorsque le premier antécédent a deux chiffres de plus que le second, ce dernier, pris sur la première échelle, donne encore l'arc inconnu, s'il ne quitte pas la coulisse après l'avoir avancée d'une échelle.

*Exemple.* 21 : sin. $15^\circ$ :: 0,944 : sin. $x =$ sin. $0^\circ 40'$.

Enfin, lorsque le premier antécédent a deux chiffres de moins que le second, ce dernier, pris sur la seconde échelle, donne encore l'arc inconnu, s'il ne quitte pas la coulisse après l'avoir reculée d'une échelle.

*Exemple.* 0,944 : sin. $0^\circ 40'$ :: 21 : sin. $x =$ sin. $15^\circ$.

En substituant la ligne des tangentes à celle des sinus, et en suivant les *règles générales* indiquées ci-dessus pour placer la virgule dans chaque résultat et pour avoir l'échelle sur laquelle il faut prendre un nombre donné, on détermine un terme inconnu dans toute proportion qui contient les tangentes de deux arcs moindres que 45°.

*Exemple.* Tang. 7°30′ : 21,17 :: tang. 5° : $x = 14,07$.

| Lig. sup. | $y=4,21$ | $x=14,07$ | 21,17 |
|---|---|---|---|
| Coul. renv. lig. tang. | 1° 30′ | 5° | 7° 30′ |

Cette position de la coulisse donne 4,21 pour le quatrième terme de la proportion tang. 7°30′ : 21,17 :: tang. 1°30′ : $y =$ 4,21. On obtient de même 21,17 pour le quatrième terme de tang. 1°30′ : 4,21 :: tang. 7°30′ : $z = 21,17$.

Si l'angle surpasse 135°, on emploie son supplément.

*Exemple.* Tang. 7° 30′ : 21,17 :: tang. 175° = tang. 5° : $x =$ 14,07.

*Réciproquement.* On obtient, comme ci-dessus, les quatrièmes termes des proportions 21,17 : tang. 7° 30′ :: 14,07 : tang. $x =$ tang. 5° ou tang. (180° — 5°) = tang. 175° et 21,17 : tang. 7° 30′ :: 4,21 : tang. $y =$ tang. 1° 30′ ou tang. (180° — 1° 30′) = tang. 178° 30′.

Dans la résolution des triangles rectilignes, n^os^ 36 et 37, on indiquera les moyens d'éviter les tangentes des angles compris entre 45° et 135°.

### *Résolution des triangles rectangles.*

36. Les calculs qui suivent se rapportent au triangle rectangle A B C, fig. 11, dans lequel $a = 21$, $b = 18,875$, $c =$ 9,205, B = 64°, C = 26°.

La suite de rapports égaux sin. A = R : $a$ :: sin. B : $b$ :: sin. C : $c$ sert à résoudre les triangles rectangles dont on connaît un côté et un angle aigu ou l'hypoténuse et un autre côté.

1er *Exemple.* $a = 21$, B = 64°. Il s'ensuit C = 90 — 64 = 26°

| Lig. sup. | $c = 9,205$ | $b = 18,875$ | 21 | n° 31. |
|---|---|---|---|---|
| Coul. renv. lig. sin. | 26° | 64° | 90° | |

2e *Exemple.* $b=18{,}875$, $B=64°$. Il s'ensuit $C=90-64=26°$.

| | | | | |
|---|---|---|---|---|
| Lig. sup. | $c=9{,}205$ | 18,875 | $a=21$ | n$^{os}$ 32 et 35 |
| Coul. renv. lig. sin. | 26° | 64° | 90° | |

3e *Exemple.* $a=21$, $b=18{,}875$.

| | | | |
|---|---|---|---|
| Lig. sup. | $c=9{,}205$ | 18,875 | 21 |
| Coul. renv. lig. sin. | $C=26°$ | $B=64°$ | 90° |

Après avoir déterminé $B=64°$, n°, 33, on en conclut $C=90-64=26°$, puis $c=9{,}205$, n° 31.

*Remarque.* Lorsque l'angle aigu opposé au coté connu surpasse 45°, surtout s'il approche de 90°, il vaut mieux chercher, n° 9, le 3e côté $c=\sqrt{a^2-b^2}=\sqrt{(a+b)(a-b)}$, pour déterminer l'angle C afin d'en conclure B.

De cette manière, on trouve $c=\sqrt{\overline{21}^2-\overline{18{,}875}^2}=\sqrt{(21+18{,}875)(21-18{,}875)}=\sqrt{39{,}875\times 2{,}125}=9{,}205$.

| | | | |
|---|---|---|---|
| Lig. sup. | 39,875 | | n° 9. |
| Coul. ret. | 2,125 | 1 | |
| Lig. inf. | | $x=9{,}205$ | |

puis

| | | | |
|---|---|---|---|
| Lig. sup. | 9,205 | 21 | d'où $B=90-26=64°$. |
| Coul. renv. lign. sin. | $C=26°$ | 90° | |

Lorsqu'on connaît les deux côtés de l'angle droit, il faut d'abord employer la proportion R : grand côté donné :: tang. angle opposé au petit côté qui est toujours moindre que 45° : petit côté.

*Exemple.* $b=18{,}875$, $c=9{,}205$.

On a

$\frac{\text{tang. C}}{R}=\frac{9{,}205}{18{,}875}$

| | | | |
|---|---|---|---|
| Lig. sup. | 9,205 | 18,875 | n° 34. |
| Coul. renv. lig. tang. | $C=26°$ | 45° | puis $B=90-26=64°$. |

On détermine ensuite, n° 32, $a=21$.

| Lig. sup. | 9,205 | 18,875 | $a=21$ |
|---|---|---|---|
| Coul. renv. lig. sin. | 26° | 64° | 90° |

*Résolution des triangles obliquangles.*

37. *Observation générale.* Lorsqu'un angle surpasse 90° on emploie son supplément.

Les calculs qui suivent se rapportent à la fig. 12, dans laquelle $a=21$, $b=12{,}69$, $c=8{,}48$, $c'=33$, $A=165°$, $B=9°$, $C=6°$, $C'=156°$, $A'=15°$.

La suite sin. A : $a$ :: sin. B : $b$ :: sin. C : $c$ sert à résoudre les triangles dont on connaît deux angles et un côté ou bien deux côtés et l'un des angles opposés à ces côtés.

1er *Exemple.* $a=21$, $B=9°$, $C=6°$. Il s'ensuit $A=180-9-6=165°$ dont le supplément est 15°.

| Lig. sup. | $c=8{,}48$ | $b=12{,}69$ | 21 | n° 35. |
|---|---|---|---|---|
| Coul. renv. lig. sin. | 6° | 9° | 15° | |

2e *Exemple.* $a=21$, $b=12{,}69$, $A=165°$. D'où $180°-A=15°$.

| Lig. sup. | $c=8{,}48$ | 12,69 | 21 |
|---|---|---|---|
| Coul. renv. lig. sin. | $C=6°$ | $B=9°$ | 15° |

Lorsque l'angle donné est aigu et opposé au plus petit côté connu.

3e *Exemple.* $a=21$, $b=12{,}69$, $B=9°$.

| Lig. sup. | $c=8{,}48$ | 12,69 | 21 | $c'=33$ |
|---|---|---|---|---|
| Coul. renv. lig. sin. | $C=6°$ | 9° | $A'=15°$ ou $A=165°$ | $C'=156°$ suppl. 24°. |

L'angle opposé au plus grand côté connu 21 peut être $A'=15°$ ou $A=180°-15°=165°$. La première valeur donne $C'=$

$180° - 9° - 15° = 156°$ et $c' = 33$, comme correspondant à $180° - 156° = 24°$ de la coulisse. La seconde valeur donne $C = 180° - 9° - 165° = 6°$ et $c = 8,48$.

Ces deux solutions différentes proviennent des données qui appartiennent aux deux triangles A B C et A' B C'.

Pour résoudre les triangles dont on connaît l'angle obtus et les deux côtés qui le comprennent, il faut d'abord employer la proportion $b + c : \text{tang.} \frac{B+C}{2} :: b - c : \text{tang.} \frac{B-C}{2}$.

4e *Exemple*. $A = 165°$, $b = 12,69$, $c = 8,48$. Il s'ensuit $\frac{B+C}{2} = \frac{180° - 165°}{2} = 7° 30'$, $b + c = 21,17$, $b - c = 4,21$.

Puis $21,17 : \text{tang. } 7° 30' :: 4,21 : \text{tang. } \frac{B-C}{2} = \text{tang. } 1° 30'$

| | | | |
|---|---|---|---|
| Lig. sup. | 4,21 | 21,17 | n° 35. |
| Coul. renv. lig. tang. | $\frac{B-C}{2} = 1° 30'$ | 7° 30' | |

Le plus grand angle cherché B étant égal à la demi-somme plus à la demi-différence, et le plus petit C à la demi-somme moins la demi-différence, on a $B = 7° 30' + 1° 30' = 9°$, $C = 7° 30 - 1° 30' = 6°$.

On détermine le 3e côté $a$, comme ci-dessus.

| | | | |
|---|---|---|---|
| Lig. sup. | 8,48 | 12,69 | $a = 21$ |
| Coul. renv. lig. sin. | 6° | 9° | 15° |

Si les côtés donnés $a = 21$, $c = 8,48$ comprennent l'angle aigu $B = 9°$ : de l'extrémité A du petit côté connu, on imagine la perpendiculaire A D sur B C, elle tombe en dedans du triangle, car A étant plus grand que C, ce dernier est aigu. Le triangle ABD sert à déterminer, n° 36, 1er *exemple*, $BAD = 90° - 9° = 81°$, $AD = 1,327$ et $BD = 8,376$; d'où il suit $CD = 21 - 8,376 = 12,624$ qui avec $AD = 1,327$ dans le triangle A C D donne, n° 36, *dernier exemple*, $C = 6°$, $CAD = 90° - 6° = 84°$, $b = 12,69$; d'où l'on conclut $A = 81° + 84° = 165°$ et mieux $180 - 9 - 6 = 165°$.

Pour résoudre les triangles dont les trois côtés sont connus, il faut d'abord employer la proportion, le plus grand côté $a$ : $b+c$ :: $b-c$ : CD — BD (1) différence des segmens déterminés par la perpendiculaire AD.

5e *Exemple.* $a=21$, $b=12{,}69$, $c=8{,}48$. Il s'ensuit $b+c=21{,}17$, $b-c=4{,}21$ et 21 : 21,17 :: 4,21 : CD — BD = 4,244.

| | | |
|---|---|---|
| Lig. sup. | 21,17 | CD − BD = 4,244 |
| Coul. | 21 | 4,21 |

Puisque CD + BD = 21, on conclut $CD=\frac{21+4{,}244}{2}=12{,}622$ et $BD=\frac{21-4{,}244}{2}=8{,}378$.

En résolvant chacun des triangles rectangles ABD, ACD, n° 36, 3e *exemple*, on trouve AD = 1,311, puis B = 9°, C = 6°; d'où l'on conclut A = 180° — 9° — 6° = 165°.

(1) Après avoir décrit la circonférence du point A avec le rayon AB, et prolongé AC jusqu'en E, les sécantes BC et GE donnent BC $=a$ : CE $=b+c$ :: CF $=b-c$ : CG = CD − BD.

# TABLE I.

VALEURS : 1° Dans le nouveau système des longueurs, surfaces, volumes, poids et monnaies anciens et étrangers ;
2° De diverses quantités plus ou moins employées. (*Voyez* les nos 1, 4, 6.)

## *Longueurs.*

| | mètres. |
|---|---|
| Toise | 1,949 |
| Pied | 0,3248 |
| Pouce | 0,02707 |
| Aune | 1,189 |
| Brasse | 1,624 |
| Lieue de poste | 3898 |
| Lieue ordinaire | 4444 |
| Lieue marine | 5555 |
| Pied anglais | 0,3048 |
| Pouce anglais | 0,0254 |
| Toise anglaise (Fathom) | 1,829 |
| Yard impérial anglais | 0,9144 |
| Mille anglais (1) | 1609 |
| Mille nautique (1/3 de lieue marine) | 1852 |
| Werste | 1067 |
| Pied du Rhin | 0,3138 |

## *Surfaces.*

| | mètres. |
|---|---|
| Toise | 3,799 |
| Pied | 0,1055 |
| Pouce | 0,000733 |
| Are | 100 |
| | ares. |
| Perche de 18 pieds | 0,3419 |
| Perche de 22 pieds | 0,5107 |
| Perche de 24 pieds | 0,6078 |
| Acre anglaise (4840 yards) | 40,47 |

(1) Le fathom vaut 2 yards ou 6 pieds, et le mille 880 fathoms.

*Volumes.*

| | litres. |
|---|---|
| Mètre (1000 décimètres cubes) | 1000 |
| Toise | 7404 |
| Pied | 34,28 |
| Pouce | 0,01984 |
| Chopine | 0,465 |
| Pinte de Paris | 0,952 |
| Velte | 7,045 |
| Boisseau | 13 |
| Setier (12 boisseaux) | 156 |
| Corde | 3840 |
| Solive | 102,8 |
| Gallon impérial anglais | 4,543 |
| Bushel (8 gallons) | 36,35 |

*Poids.*

| | grammes. |
|---|---|
| Franc | 5 |
| Livre | 489,5 |
| Once | 30,59 |
| Gros | 3,824 |
| Grain | 0,0531 |
| Livre de Berlin | 468,5 |
| Livre troy impériale anglaise | 373,1 |
| Livre avoir du poids anglaise | 453,4 |
| | kilogrammes. |
| Quintal (112 livres avoir du poids) | 50,78 |
| Tun (20 quintaux) | 1016 |
| Tonneau (français) | 1000 |

*Monnaies.*

| | francs. |
|---|---|
| Livre sterling anglaise (depuis 1818) | 25,21 |
| Crown *id.* | 5,81 |
| Shilling *id.* | 1,16 |
| Thaler (Prusse) | 3,71 |
| Florin (Autriche) | 2,60 |
| Florin Zollw. | 2,16 |
| Dollar (États-Unis) | 5,42 |

*Diverses quantités plus ou moins employées.*

$h = \frac{g}{2}t^2$, $v = gt = \sqrt{2gh}$, $g = 9^m,81$.

$e = 2,718281828$.

Log. $e = \mu = 0,4342944819$.

$\frac{1}{\mu} = 2,302585093$.

Log. $x = \mu$ log. hyp. $x'$.

$\pi = 3,1415926$.

Le tirage d'un cheval ordinaire est de 45 kilogrammes avec 1 mètre de vitesse par seconde.

La force d'un cheval de vapeur est de 75 kilogr. avec id.

La force d'un homme à la manivelle est de 7 kilogrammes.

Sph. horiz. $= 0^m,0785 \times (l^{km})^2 = \frac{(l^{km})^2}{12,73}$.

Réfr. horiz. $= 0,0125 \times (l^{km})^2 = \frac{(l^{km})^2}{80}$.

Sph. h. — réfr. h. $= 0,0660 \times (l^{km})^2 = \frac{(l^{km})^2}{15,15}$.

Vitesse du son $= 333^m,6$ par seconde.

La pression atmosphérique est de $1^{kilog.},033$ par centimètre carré de surface.

*Dilatations linéaires de 0° à 100°.*

| | |
|---|---|
| Fer. | $\frac{1}{819}$ |
| Acier. | $\frac{1}{927}$ |
| Cuivre. | $\frac{1}{583}$ |
| Laiton. | $\frac{1}{532}$ |
| Étain. | $\frac{1}{489}$ |
| Plomb. | $\frac{1}{351}$ |
| Zinc. | $\frac{1}{340}$ |
| Platine. | $\frac{1}{1167}$ |
| Verre. | $\frac{1}{1144}$ |

*Résistances au tirage par centimètre carré de surface.*

| | kilogrammes |
|---|---|
| Fer. . . . . . . . . . . . . . . . . . . . . . . . . . . . | 2260 à 7236 |
| Fonte. . . . . . . . . . . . . . . . . . . . . . . . . . . | 1200 |
| Plâtre. . . . . . . . . . . . . . . . . . . . . . . . . . | 5 à 16 |
| Mortier. . . . . . . . . . . . . . . . . . . . . . . . . | 1,5 à 12 |
| Chêne. . . . . . . . . . . . . . . . . . . . . . . . . . | 700 |
| Corde. . . . . . . . . . . . . . . . . . . . . . . . . . | 400 |
| Sapin. . . . . . . . . . . . . . . . . . . . . . . . . . | 800 |

# TABLE II.

*Équivalents chimiques* des corps simples (*Voyez* le n° 21).

| NOMS DES CORPS. | ÉQUIVALENTS. | NOMS DES CORPS. | ÉQUIVALENTS. |
|---|---|---|---|
| Oxygène. . . . . . . | 100 | Cuivre. . . . . . . . . | 395,69 |
| Azote. . . . . . . . | 175 | Étain. . . . . . . . . . | 735,29 |
| Bore. . . . . . . . . | 68,10 | Fer. . . . . . . . . . . | 350,00 |
| Brome. . . . . . . . | 978,30 | Glucinium. . . . . . . | 331,26 |
| Carbone. . . . . . . | 75,00 | Iridium. . . . . . . . . | 1233,50 |
| Chlore. . . . . . . . | 442,64 | Lithium. . . . . . . . | 127,80 |
| Fluor. . . . . . . . . | 233,80 | Magnésium. . . . . . | 158,35 |
| Hydrogène. . . . . . | 12,50 | Manganèse. . . . . . | 345,89 |
| Iode. . . . . . . . . | 1579,30 | Mercure. . . . . . . | 1250,00 |
| Phosphore. . . . . . | 396,30 | Molybdène. . . . . . | 598,52 |
| Sélénium. . . . . . . | 494,58 | Nickel. . . . . . . . | 369,67 |
| Silicium. . . . . . . | 92,60 | Or. . . . . . . . . . | 2486,04 |
| Soufre. . . . . . . . | 201,16 | Osmium. . . . . . . | 1244,48 |
| Thorinium. . . . . . | 744,90 | Palladium. . . . . . | 665,90 |
| Zirconium. . . . . . | 420,20 | Platine. . . . . . . . | 1233,50 |
| Aluminium. . . . . | 171,17 | Plomb. . . . . . . . | 1294,50 |
| Antimoine. . . . . . | 1612,90 | Potassium. . . . . . | 489,92 |
| Argent. . . . . . . . | 1351,61 | Rhodium. . . . . . . | 651,4 |
| Arsenic. . . . . . . | 940,24 | Sodium. . . . . . . | 290,90 |
| Baryum. . . . . . . | 856,93 | Strontium. . . . . . | 547,28 |
| Bismuth. . . . . . . | 886,92 | Tellure. . . . . . . . | 801,78 |
| Cadmium. . . . . . | 696,77 | Titane. . . . . . . . | 303,66 |
| Calcium. . . . . . . | 250,00 | Tungstène. . . . . . | 1183,00 |
| Cérium. . . . . . . | 574,70 | Urane. . . . . . . . | 2711,36 |
| Chrôme. . . . . . . | 351,82 | Vanadium. . . . . . | 855,84 |
| Cobalt. . . . . . . . | 368,99 | Yttria. . . . . . . . | 402,51 |
| Colombium. . . . . | 1153,72 | Zinc. . . . . . . . . | 406,59 |

# TABLE III.

( *Voyez* les n^os^ 4, 6, 23, 25. )

On désigne ordinairement par $\pi$ le nombre 3,1415926, qui représente le rapport d'une circonférence à son diamètre.

La surface d'une *ellipse* est égale au produit de ses axes divisé par 1,273.

La surface du *cercle* est égale au carré de son diamètre divisé par 1,273, ou au carré de sa circonférence divisé par 12,57.

La surface du *carré inscrit* dans un *cercle* est égale au carré du diamètre divisé par 2, ou au carré de la circonférence divisé par 19,74.

La surface du *carré circonscrit* à un *cercle*, est égale au carré du diamètre, ou au carré de la circonférence divisé par 9,87.

La surface convexe d'un *cylindre droit* est égale au produit de son diamètre par sa hauteur divisé par 0,3183, ou au produit de sa circonférence par sa hauteur.

La surface convexe d'un *cône droit* est égale au produit du diamètre de sa base par son côté divisé par 0,6366, ou au produit de la circonférence de sa base par son côté divisé par 2.

1° La surface convexe d'un *tronc de cône droit* est égale au produit de la somme des diamètres de ses bases par la longueur de son côté divisé par 0,6366, ou au produit du diamètre du milieu du tronc (qui est la demi-somme des diamètres des bases) par son côté divisé par $\frac{0,6366}{2} = 0,3183$;

2° La surface convexe d'un *tronc de cône droit* est égale au produit de la somme des circonférences de ses bases par la longueur de son côté divisé par 2, ou au produit de la circonférence du milieu du tronc (qui est la demi-somme des circonférences des bases) par la longueur de son côté.

La surface de la *sphère* est égale au carré de son diamètre divisé par 0,3183, ou au carré de sa circonférence divisé par 3,142.

Le volume d'un *cylindre* est égal au produit du carré du diamètre de sa base par sa hauteur divisé par 1,273, ou au produit du carré de la circonférence de sa base par sa hauteur divisé par 12,57.

Le volume d'un *cylindre équarri* est égal au produit du carré du diamètre de sa base par sa hauteur divisé par 2, ou au produit du carré de la circonférence de sa base par sa hauteur divisé par 19,74.

Le volume d'une *sphère* est égal au cube de son diamètre divisé par 1,91, ou au cube de sa circonférence divisé par 59,22.

---

# TABLE IV.

Nombres *indicateurs* par lesquels il faut diviser :

1° Le *carré* du côté d'un *polygone régulier*, pour en obtenir la *surface*. (*Voyez* le n° 22.)

2° Le *carré* du côté de la base régulière d'un prisme par sa hauteur, pour en obtenir le *volume*. (*Voyez* le n° 24.)

| Nombres de côtés. | Indicateurs. | Nombres de côtés. | Indicateurs. |
|---|---|---|---|
| 3 | 2,309 | 8 | 0,2071 |
| 4 | 1 | 9 | 0,1618 |
| 5 | 0,5812 | 10 | 0,1300 |
| 6 | 0,3849 | 11 | 0,1068 |
| 7 | 0,2752 | 12 | 0,08932 |

# TABLE V.

*Nombres* indicateurs *par lesquels il faut diviser les* produits *indiqués ci-dessous pour obtenir en* kilogrammes *les poids des corps désignés ci-après, dont les dimensions sont exprimées en* décimètres. (*V. le n°* 27.)

| NOMS DES CORPS PAR ORDRE DE DENSITÉ. | DENSITÉS par rapport à l'eau. | PARALLÉLIPIPÈDES. Le produit des trois dimensions. | CYLINDRES. Le carré du diamètre par la hauteur | CYLINDRES. Le carré de la circonf. par la hauteur | CYLINDRES ÉQUARRIS. Le carré du diamètre par la hauteur | CYLINDRES ÉQUARRIS. Le carré de la circonf. par la hauteur | SPHÈRES. Le cube du diamètre. | SPHÈRES. Le cube de la circonférence. |
|---|---|---|---|---|---|---|---|---|
| Platine laminé. . . . | 22,069 | 0,0453 | 0,0577 | 0,5694 | 0,0906 | 0 8944 | 0,0865 | 2,683 |
| Platine pur. . . . . . | 21,53 | 0,0464 | 0,0591 | 0,5837 | 0,0929 | 0,9168 | 0,0887 | 2,750 |
| Or forgé. . . . . . . . | 19,3617 | 0,0516 | 0,0658 | 0,6490 | 0,1033 | 1,019 | 0,0986 | 3,058 |
| Or fondu. . . . . . . | 19,2581 | 0,0519 | 0,0661 | 0,6525 | 0,1039 | 1,025 | 0,0992 | 3,075 |
| Mercure (à 0°). . . . | 13,598 | 0,0735 | 0,0936 | 0,9241 | 0,1471 | 1,452 | 0,1405 | 4,355 |
| Plomb fondu. . . . . | 11,3523 | 0,0881 | 0,1122 | 1,107 | 0,1762 | 1,739 | 0,1682 | 5,216 |
| Argent fondu. . . . . | 10,4743 | 0,0955 | 0,1216 | 1,200 | 0,1909 | 1,885 | 0,1823 | 5,654 |
| Bismuth fondu. . . . | 9,822 | 0,1018 | 0,1296 | 1,279 | 0,2036 | 2,010 | 0,1944 | 6,029 |
| Cuivre laminé . . . . | 8,95 | 0,1117 | 0,1423 | 1,404 | 0,2235 | 2,205 | 0,2134 | 6,616 |
| Cuivre fondu. . . . . | 8,85 | 0,1130 | 0,1439 | 1,420 | 0,2260 | 2,230 | 0,2158 | 6,691 |
| Cuivre jaune. . . . . | 8,5434 | 0,1170 | 0,1490 | 1,471 | 0,2341 | 2,310 | 0,2235 | 6,931 |
| Laiton. . . . . . . . . | 8,4 | 0,1190 | 0,1516 | 1,496 | 0,2381 | 2,350 | 0,2274 | 7,050 |
| Nickel forgé. . . . . | 8,666 | 0,1154 | 0,1469 | 1,450 | 0,2308 | 2,278 | 0,2204 | 6,833 |
| Nickel fondu. . . . . | 8,279 | 0,1208 | 0,1538 | 1,518 | 0,2416 | 2,384 | 0,2307 | 7,153 |
| Manganèse. . . . . . | 8,010 | 0,1248 | 0,1590 | 1,569 | 0,2497 | 2,464 | 0,2384 | 7,393 |
| Acier non écroui. . . | 7,8163 | 0,1279 | 0,1629 | 1,608 | 0,2559 | 2,525 | 0,2443 | 7,576 |
| Fer en barre. . . . . | 7,7880 | 0,1284 | 0,1635 | 1,614 | 0,2568 | 2,535 | 0,2452 | 7,604 |
| Fer fondu. . . . . . . | 7,2070 | 0,1388 | 0,1767 | 1,744 | 0,2775 | 2,739 | 0,2650 | 8,217 |
| Fonte grise. . . . . . | 7,67 | 0,1304 | 0,1660 | 1,638 | 0,2608 | 2,574 | 0,2490 | 7,721 |
| Fonte blanche. . . . | 7,6 | 0,1316 | 0,1675 | 1,653 | 0,2632 | 2,597 | 0,2513 | 7,792 |
| Étain fondu. . . . . . | 7,2914 | 0,1371 | 0,1746 | 1,723 | 0,2743 | 2,707 | 0,2619 | 8,122 |
| Zinc fondu. . . . . . | 7,19 | 0,1391 | 0,1771 | 1,748 | 0,2782 | 2,745 | 0,2656 | 8,236 |
| Antimoine. . . . . . . | 6,712 | 0,1490 | 0,1897 | 1,872 | 0,2980 | 2,941 | 0,2845 | 8,823 |
| Iode. . . . . . . . . . | 4,948 | 0,2021 | 0,2573 | 2,540 | 0,4042 | 3,989 | 0,3860 | 11,97 |
| Carbone { diamant. | 3,50 | 0,2857 | 0,3638 | 3,590 | 0,5714 | 5,640 | 0,5457 | 16,92 |
| Carbone { graphite. | 2,50 | 0,4000 | 0,5093 | 5,027 | 0,8000 | 7,896 | 0,7639 | 23,69 |
| Marbre de Paros. . . | 2,8376 | 0,3524 | 0,4487 | 4 429 | 0,7048 | 6,956 | 0,6731 | 20,87 |
| Pierre meulière. . . | 2,50 | 0,4000 | 0,5093 | 5,027 | 0,8000 | 7,896 | 0.7639 | 23,69 |
| Pierre à plâtre. . . . | 2,21 | 0,4525 | 0,5761 | 5.686 | 0,9050 | 8,932 | 0,8642 | 26,80 |
| Pierre à bâtir. . . . . | 2,08 | 0,4808 | 0,6121 | 6,042 | 0,9615 | 9,490 | 0,9182 | 28,47 |
| Craie et grès. . . . . | 2,30 | 0,4348 | 0,5536 | 5,464 | 0,8696 | 8,582 | 0,8304 | 25,75 |
| Soufre. . . . . . . . . | 2,086 | 0,4794 | 0,6104 | 6,024 | 0,9588 | 9,463 | 0,9156 | 28,39 |
| Albâtre . . . . . . . . | 1,8740 | 0,5336 | 0,6794 | 6,706 | 1,067 | 10,53 | 1,019 | 31,60 |
| Phosphore. . . . . . . | 1,77 | 0,5650 | 0,7193 | 7,100 | 1,130 | 11,15 | 1,079 | 33,46 |
| Chêne sec. . . . . . . | 1,670 | 0,5988 | 0,7624 | 7,525 | 1,198 | 11,82 | 1,144 | 35,46 |
| Chêne frais et glace. | 0,930 | 1,075 | 1,369 | 13,51 | 2,151 | 21,22 | 2,054 | 63,67 |
| Ebène. . . . . . . . . | 1,331 | 0,7513 | 0,9566 | 9,441 | 1,503 | 14,83 | 1,435 | 44,49 |
| Houille compacte. . | 1,3292 | 0,7523 | 0,9579 | 9,454 | 1,505 | 14,85 | 1,437 | 44,55 |
| Acajou. . . . . . . . . | 1,063 | 0,9407 | 1,198 | 11,82 | 1,881 | 18,57 | 1,797 | 55,71 |
| Buis de France. . . . | 0,91 | 1,099 | 1,399 | 13,81 | 2,198 | 21,69 | 2,099 | 65,07 |
| Hêtre. . . . . . . . . | 0,852 | 1,174 | 1,494 | 14,75 | 2,347 | 23,17 | 2,242 | 69,50 |
| Frêne. . . . . . . . . | 0,845 | 1,183 | 1,507 | 14,87 | 2,367 | 23,36 | 2,260 | 70,08 |
| If. . . . . . . . . . . | 0,807 | 1,239 | 1,578 | 15,57 | 2,478 | 24,46 | 2,367 | 73,38 |
| Orme et Aune. . . . . | 0,800 | 1,250 | 1,592 | 15,71 | 2,500 | 24,67 | 2,387 | 74,02 |

| NOMS DES CORPS PAR ORDRE DE DENSITÉ. | DENSITÉS par rapport à l'eau. | PARALLÉLIPIPÈDES. Le produit des trois dimensions. | CYLINDRES. Le carré du diamètre par la hauteur | CYLINDRES. Le carré de la circonf. par la hauteur | CYLINDRES ÉQUARRIS. Le carré du diamètre par la hauteur | CYLINDRES ÉQUARRIS. Le carré de la circonf. par la hauteur | SPHÈRES. Le cube du diamètre. | SPHÈRES. Le cube de la circonférence. |
|---|---|---|---|---|---|---|---|---|
| Prunier. . . . . . . . | 0,785 | 1,274 | 1,622 | 16,01 | 2,548 | 25,15 | 2,433 | 75,44 |
| Pommier. . . . . . . | 0,733 | 1,364 | 1,737 | 17,14 | 2,729 | 26,93 | 2,606 | 80,79 |
| Cerisier. . . . . . . . | 0,715 | 1,399 | 1,781 | 17,58 | 2,797 | 27,61 | 2,671 | 82,82 |
| Noyer. . . . . . . . . | 0,671 | 1,490 | 1,898 | 18,73 | 2,981 | 29,42 | 2,846 | 88,25 |
| Poirier. . . . . . . . . | 0,661 | 1,513 | 1,926 | 19,01 | 3,026 | 29,86 | 2,889 | 89,59 |
| Sapin jaune. . . . . . | 0,657 | 1,522 | 1,938 | 19,13 | 3,044 | 30,04 | 2,907 | 90,13 |
| Sapin. . . . . . . . . | 0,550 | 1,818 | 2,315 | 22,85 | 3,636 | 35,89 | 3,472 | 107,7 |
| Tilleul et noisetier. | 0,604 | 1,656 | 2,108 | 20,81 | 3,311 | 32,68 | 3,162 | 98,04 |
| Cyprès. . . . . . . . | 0,598 | 1,672 | 2,129 | 21,01 | 3,344 | 33,01 | 3,194 | 99,03 |
| Cèdre. . . . . . . . . | 0,561 | 1,783 | 2,270 | 22,40 | 3,565 | 35,19 | 3,404 | 105,6 |
| Peuplier blanc d'Espagne. . . . . . . . | 0,529 | 1,890 | 2,407 | 23,75 | 3,781 | 37,31 | 3,610 | 111,9 |
| Peuplier ordinaire. . | 0,383 | 2,611 | 3,324 | 32,81 | 5,222 | 51,54 | 4,987 | 154,6 |
| Liége. . . . . . . . . | 0,240 | 4,167 | 5,305 | 52,36 | 8,333 | 82,25 | 7,958 | 246,7 |
| Acide sulfurique . . | 1,8409 | 0,5432 | 0,6916 | 6,826 | 1,086 | 10,72 | 1,037 | 32,17 |
| Acide azoteux. . . . . | 1,550 | 0,6452 | 0,8214 | 8,107 | 1,290 | 12,73 | 1,232 | 38,20 |
| Eau de la mer Morte. | 1,2403 | 0,8063 | 1,027 | 10,13 | 1,613 | 15,91 | 1,540 | 47,74 |
| Acide azotique. . . . | 1,2175 | 0,8214 | 1,046 | 10,32 | 1,643 | 16,21 | 1,569 | 48,64 |
| Lait. . . . . . . . . . | 1,03 | 0,9709 | 1,236 | 12,20 | 1,942 | 19,16 | 1,854 | 57,49 |
| Eau de la mer. . . . | 1,0263 | 0,9744 | 1,241 | 12,24 | 1,949 | 19,23 | 1,861 | 57,70 |
| Eau distillée. . . . . | 1 | 1,000 | 1,273 | 12,57 | 2,000 | 19,74 | 1,910 | 59,22 |
| Vin de Bordeaux. . | 0,9939 | 1,006 | 1,281 | 12,64 | 2,012 | 19,86 | 1,922 | 59,58 |
| Vin de Bourgogne. . | 0,9915 | 1,009 | 1,284 | 12,67 | 2,017 | 19,91 | 1,926 | 59,73 |
| Huile d'olive. . . . . | 0,9153 | 1,093 | 1,391 | 13,73 | 2,185 | 21,57 | 2,087 | 64,70 |
| Éther muriatique. . . | 0,874 | 1,144 | 1,457 | 14,38 | 2,288 | 22,58 | 2,185 | 67,75 |
| Huile essentielle de térébenthine. . . . | 0,8697 | 1,150 | 1,464 | 14,45 | 2,300 | 22,70 | 2,196 | 68,09 |
| Bitume liquide, dit *Naphte*. . . . . . | 0,8475 | 1,180 | 1,502 | 14,83 | 2,360 | 23,29 | 2,254 | 69,87 |
| Alcool absolu. . . . . | 0,792 | 1,263 | 1,608 | 15,87 | 2,525 | 24,92 | 2,411 | 74,77 |
| Éther sulfurique. . . | 0,7155 | 1,398 | 1,780 | 17,56 | 2,795 | 27,59 | 2,669 | 82,76 |

# TABLE VI.

*Nombres* indicateurs *par lesquels il faut diviser les* produits *indiqués ci-dessous*, *pour obtenir en* grammes *les poids des gaz à 0° sous 0m,76 de pression mercurielle*, *dont les dimensions sont exprimées en* décimètres. (*Voyez le n° 27.*)

| NOMS DES GAZ par ORDRE DE DENSITÉ. | DENSITÉS | MILLE FOIS | PARALLÉLIPIPÈDES. | CYLINDRES. | | CYLINDRES ÉQUARRIS. | | SPHÈRES. | |
|---|---|---|---|---|---|---|---|---|---|
| | par rapport à l'*air*. | les densités par rapport à l'*eau* (1). | Le produit des trois dimensions. | Le carré du diamètre par la hauteur. | Le carré de la circonférence par la hauteur. | Le carré du diamètre par la hauteur. | Le carré de la circonférence par la hauteur. | Le cube du diamètre. | Le cube de la circonférence. |
| Air sec. . . . . . . . . . . . . . . . | 1,0000 | 1,2987 | 0,7700 | 0,9804 | 9,676 | 1,540 | 15,20 | 1,471 | 45,60 |
| Vapeur d'iode. . . . . . . . . . . . . . | 8,716 | 11,319 | 0,0883 | 0,1125 | 1,110 | 0,1767 | 1,744 | 0,1687 | 5,232 |
| Vapeur d'éther hydriodique. . . . . | 5,4749 | 7,1103 | 0,1406 | 0,1791 | 1,767 | 0,2813 | 2,776 | 0,2686 | 8,328 |
| Vapeur d'essence de térébenthine. . | 4,764 | 6,1870 | 0,1616 | 0,2058 | 2,031 | 0,3233 | 3,190 | 0,3087 | 9,571 |
| Gaz hydriodiqne. . . . . . . . . . . | 4,443 | 5,7701 | 0,1733 | 0,2207 | 2,178 | 0,3466 | 3,421 | 0,3310 | 10,26 |
| Gaz fluo-silicique. . . . . . . . . . . | 3,5735 | 4,6409 | 0,2155 | 0,2744 | 2,708 | 0,4310 | 4,253 | 0,4115 | 12,76 |
| Gaz chloro-carbonique. . . . . . | 3,3894 | 4,4018 | 0,2272 | 0,2893 | 2,855 | 0,4544 | 4,484 | 0,4339 | 13,45 |
| Vapeur de carbure de soufre. . . . . | 2,6447 | 3,4347 | 0,2911 | 0,3707 | 3,659 | 0,5823 | 5,747 | 0,5560 | 17,24 |
| Vapeur d'éther sulfurique. . . . . . | 2,5860 | 3,3584 | 0,2978 | 0,3791 | 3,742 | 0,5955 | 5,878 | 0,5687 | 17,63 |
| Chlore. . . . . . . . . . . . . . . . | 2,470 | 3,2078 | 0,3117 | 0,3969 | 3,917 | 0,6235 | 6,154 | 0,5954 | 18,46 |
| Gaz euchlorine. . . . . . . . . . . | 2,3782 | 3,0886 | 0,3238 | 0,4122 | 4,069 | 0,6475 | 6,391 | 0,6184 | 19,17 |
| Gaz fluo-borique. . . . . . . . . . | 2,3709 | 3,0791 | 0,3248 | 0,4135 | 4,081 | 0,6495 | 6,411 | 0,6203 | 19,23 |
| Gaz sulfureux. . . . . . . . . . . . | 2,234 | 2,9013 | 0,3447 | 0,4389 | 4,331 | 0,6893 | 6,804 | 0,6583 | 20,41 |

| | | | | | | | | | |
|---|---|---|---|---|---|---|---|---|---|
| Vapeur d'éther hydro-chlorique. . . . | 2,2119 | 2,8726 | 0,3481 | 0,4432 | 4,375 | 0,6962 | 6,872 | 0,6649 | 20,61 |
| Gaz chloro-cyanique. . . . . . . . . | 2,111 | 2,7416 | 0,3648 | 0,4644 | 4,584 | 0,7295 | 7,200 | 0,6966 | 21,60 |
| Cyanogène. . . . . . . . . . . . . . . | 1,8064 | 2,3460 | 0,4263 | 0,5427 | 5,357 | 0,8525 | 8,414 | 0,8141 | 25,24 |
| Vapeur d'alcool absolu. . . . . . . . | 1,6133 | 2,0952 | 0,4773 | 0,6077 | 5,998 | 0,9546 | 9,421 | 0,9115 | 28,26 |
| Acide carbonique. . . . . . . . . . . | 1,524 | 1,9792 | 0,5053 | 0,6433 | 6,349 | 1,011 | 9,973 | 0,9650 | 29,92 |
| Protoxyde d'azote . . . . . . . . . . | 1,5204 | 1,9745 | 0,5065 | 0,6448 | 6,364 | 1,013 | 9,997 | 0,9673 | 29,99 |
| Gaz hydro-chlorique. . . . . . . . . | 1,2474 | 1,6200 | 0,6173 | 0,7860 | 7,757 | 1,235 | 12,18 | 1,179 | 36,55 |
| Gaz hydro-sulfurique. . . . . . . . . | 1,1912 | 1,5470 | 0,6464 | 0,8230 | 8,123 | 1,293 | 12,76 | 1,235 | 38,28 |
| Gaz oxygène. . . . . . . . . . . . . | 1,1055 | 1,4357 | 0,6965 | 0,8868 | 8,753 | 1,393 | 13,75 | 1,330 | 41,25 |
| Deutoxyde d'azote. . . . . . . . . . | 1,0388 | 1,3491 | 0,7412 | 0,9438 | 9,315 | 1,482 | 14,63 | 1,416 | 43,89 |
| Gaz hydrogène bi-carboné. . . . . . | 0,9780 | 1,2701 | 0,7873 | 1,002 | 9,894 | 1,575 | 15,54 | 1,504 | 46,62 |
| Gaz azote. . . . . . . . . . . . . . . | 0,972 | 1,2623 | 0,7922 | 1,009 | 9,955 | 1,584 | 15,64 | 1,513 | 46,91 |
| Gaz oxyde de carbone. . . . . . . . . | 0,9569 | 1,2427 | 0,8047 | 1,025 | 10,11 | 1,609 | 15,88 | 1,537 | 47,65 |
| Vapeur hydro-cyanique. . . . . . . . | 0,9476 | 1,2306 | 0,8126 | 1,035 | 10,21 | 1,625 | 16,04 | 1,552 | 48,12 |
| Hydrogène phosphuré. . . . . . . . | 0,870 | 1,1299 | 0,8850 | 1,127 | 11,12 | 1,770 | 17,47 | 1,690 | 52,41 |
| Vapeur d'eau. . . . . . . . . . . . . | 0,6235 | 0,8097 | 1,235 | 1,572 | 15,52 | 2,470 | 24,38 | 2,359 | 73,14 |
| Gaz ammoniacal. . . . . . . . . . . | 0,5967 | 0,7749 | 1,290 | 1,643 | 16,22 | 2,581 | 25,47 | 2,465 | 76,42 |
| Gaz hydrogène carboné des marais. . | 0,555 | 0,7208 | 1,387 | 1,766 | 17,43 | 2,775 | 27,39 | 2,650 | 82,16 |
| Gaz hydrogène arsénié. . . . . . . . | 0,529 | 0,6870 | 1,456 | 1,853 | 18,29 | 2,911 | 28,73 | 2,780 | 86,20 |
| Gaz hydrogène. . . . . . . . . . . . | 0,0691 | 0,08974 | 11,14 | 14,19 | 140,0 | 22,29 | 220,0 | 21,28 | 659,9 |

(1) En admettant que l'*eau distillée* pèse 770 fois autant que l'*air sec* à 0° sous 0m,76 de pression mercurielle.

# ERRATA.

| Pages. | Lignes. | |
|---|---|---|
| 3 | 3 | faisant, *lisez :* faisaient. |
| 26 | 1 | : 3 :: 3 : $x = 4{,}5$, *lisez :* 2 : 3 :: 3 : $x = 4{,}5$. |
| 37 | 3 | en in, *lisez :* enfin. |
| | 6 | $^3 = 15650$, *lisez :* $\overline{25}^3 = 15650$. |
| 70 | 3 du renvoi, | $\pi \frac{D^2 \times H}{\frac{4}{\pi}}$, *lisez :* $\frac{D^2 \times H}{\frac{4}{\pi}}$. |
| 72 | 8 | 3 1,273. *lisez :* $3 \times 1{,}273$. |
| 74 | 1 | le dénominateur est $3 \times 1{,}273$. |
| 76 | 2 du renvoi, | 19,1, *lisez :* 1,91. |

# TABLE DES ARTICLES.



## DES SURFACES.

## DES VOLUMES OU CAPACITÉS.



## DES POIDS.



# TRIGONOMÉTRIE.



FIN DE LA TABLE DES ARTICLES.

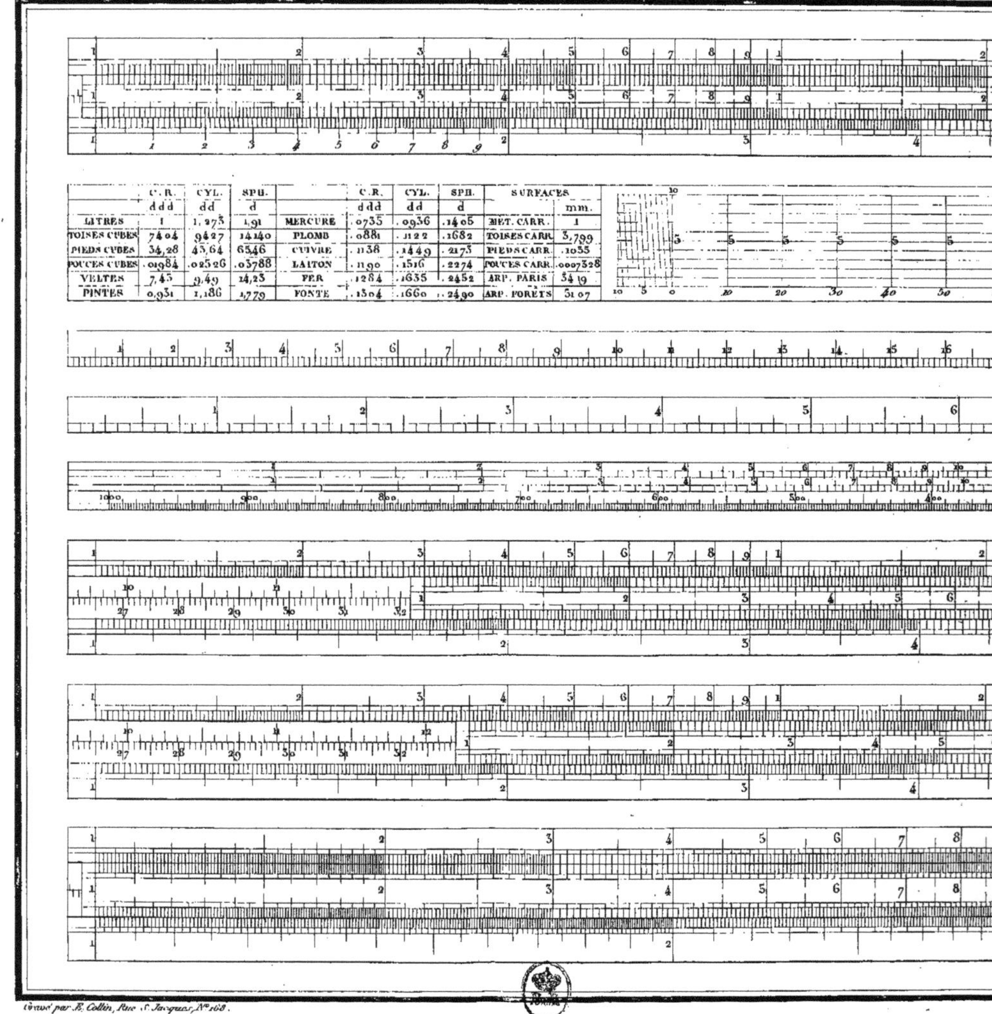

| | C. R. | CYL. | SPH. | | C. R. | CYL. | SPH. | SURFACES | |
|---|---|---|---|---|---|---|---|---|---|
| | ddd | dd | d | | ddd | dd | d | | mm. |
| LITRES | 1 | 1,273 | 1,91 | MERCURE | .0735 | .0936 | .1405 | MET. CARR. | 1 |
| TOISES CUBES | 7404 | 9427 | 14140 | PLOMB | .0881 | .1122 | .1682 | TOISES CARR. | 3,799 |
| PIEDS CUBES | 34,28 | 43,64 | 6546 | CUIVRE | .1138 | .1449 | .2173 | PIEDS CARR. | .1033 |
| POUCES CUBES | .01984 | .02526 | .03788 | LAITON | .1190 | .1516 | .2274 | POUCES CARR. | .0007328 |
| VELTES | 7,43 | 9,49 | 14,23 | FER | .1284 | .1635 | .2452 | ARP. PARIS | 3419 |
| PINTES | 0,931 | 1,186 | 1,779 | FONTE | .1304 | .1660 | .2490 | ARP. FORÊTS | 5107 |

Gravé par E. Collin, Rue S. Jacques, N° 168.

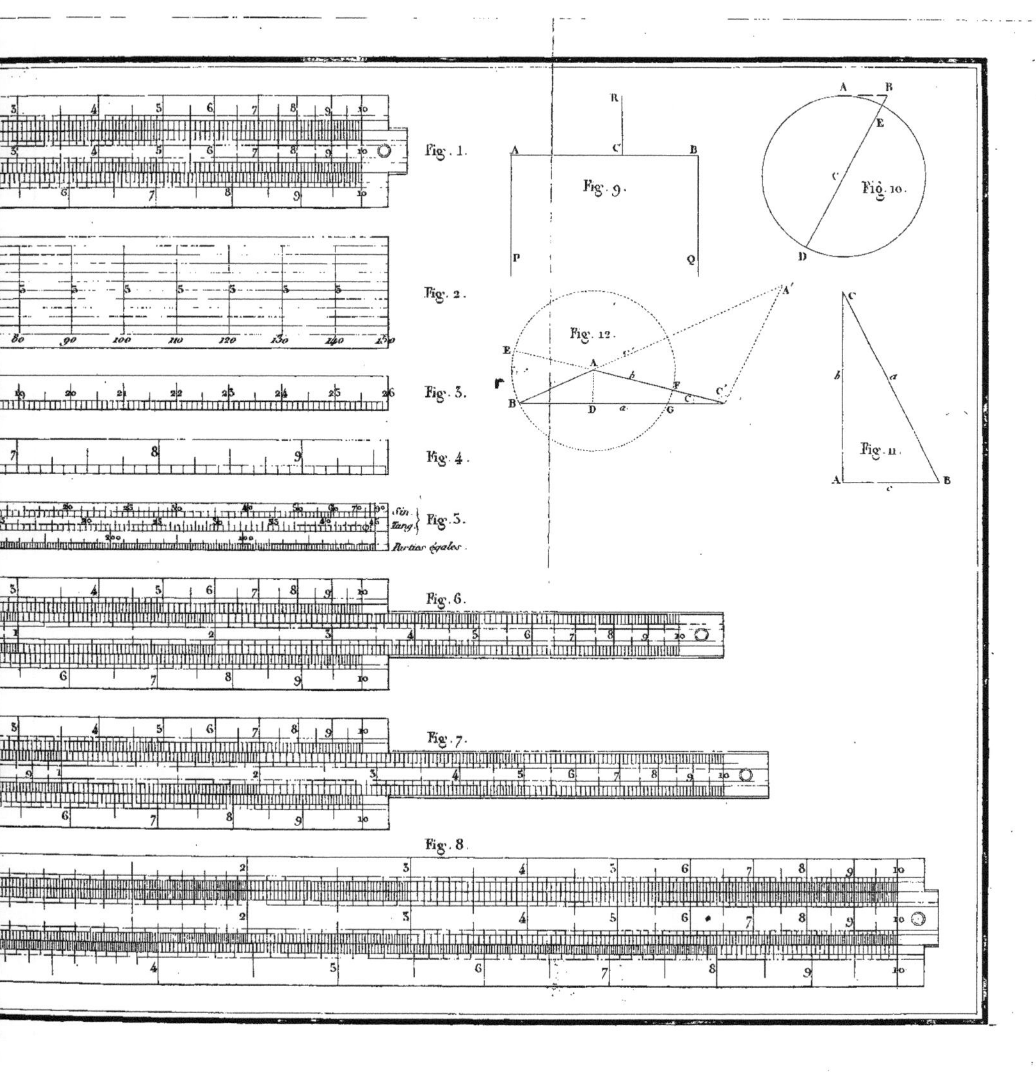
Fig. 1.
Fig. 2.
Fig. 3.
Fig. 4.
Fig. 5.
Sin.
Tang.
Parties égales.
Fig. 6.
Fig. 7.
Fig. 8.
Fig. 9.
Fig. 10.
Fig. 11.
Fig. 12.